# 누구를 위한 높이인가

이 책에 실린 서울 경관 이미지는 『2015 SEOUL』(서울특별시, 2015)과 서울연구데이터서비스(data.si.re.kr)에서 발췌했습니다.

# 누구를 위한 높이인가

박현찬 · 정상혁 지음

서울연구원
The Seoul Institute

프롤로그

# 지금은 도시의 공공성을 회복할 때

경복궁 근정전 서북쪽 연못 안에 세운 경회루는 우리나라 누각 중 가장 규모가 크다. 마흔여덟 개의 육중한 돌기둥 위에 누마루가 수평으로 깔려 있고, 장엄한 팔작지붕이 씌워져 있다. 선조들은 현실에서 이룰 수 없는 이상 세계를 정원에 구현하며 정서적 해방감을 맛보았다. 세종대왕은 경회루에서 가뭄엔 기우제를 올리기도 하고, 무사들의 활쏘기 시범을 관람하기도 했는데, 특히 홀로 풍경을 감상하는 일을 즐겼다고 한다.

유홍준 전 문화재청장 역시 경회루에서 바라보는 풍경에 매료된 사람 중 한 명이다. 그는 자기 마음속 보물이 경회루에 있다고 예찬하였는데 기둥과 기둥의 네모난 틀 속에 펼쳐지는 다른 각도의 풍경들이 그 보물이라고 했다. 예나 지금이나 공간의 변화가 거의 없는 경회루, 그곳에서 바라보는 풍경이 어떠하기에 이토록 사랑을 받는 것일까?

경회루에 올라서면 동東으로는 교태전, 강녕전, 사정전, 근정전에 이르는 구중궁궐의 경관이, 서西로는 인왕산을 배경으로 하는 연못의 풍경이 펼쳐진다. 북北으로 보이는 북악산 일대 모습은 서울 최고의 차경(借景, 멀리 바라보이는 자연의 풍경을 경관 구성 재료의 일부로 이용하는 수법)으로 평가받는다. 하나 또는 여러 개의 건축물이 주변 경관과의 조화를 이루며 그 아름다움이 극에 달하는 것이라 할 수 있다.

건축물과 주변 경관의 조화를 말할 때 전라남도 담양군의 소쇄원을 빼놓을 수 없다. 소쇄원은 중종 때 학자 양산보가 은거하러 내려가 지은 정원으로, 자연미와 구도 면에서 조선시대 최고의 정원이라 칭송받는다. 자연 한가운데 자리 잡은 소쇄원은 소박한 정서가 농축되어 자연과 인공의 아름다운 조화가 무엇인지 단적으로 보여 준다.

우리나라 건축물은 경회루나 소쇄원처럼 자연 경관을 배경으로 혹은 차경으로 삼으며 자연에 순응한다. 자연 안에 건축물이 조심스럽게 들어서면서 시선이 내부 공간뿐 아니라 외부 공간으로 확장되어 간다. 법률로 강제하지 않아도 옛 건축가들은 주변 경관과의 조화가 만들어 내는 가치를 체득하고 있었다.

## 도시 경관은 누구의 것인가

최근 서울시는 아파트 높이 관리 정책에 대한 논의로 뜨겁다. 서울시는 서울시민의 조망권을 보장하고, 스카이라인이 가진 공공성을 감안할 때 층수 관리는 꼭 필요하다는 입장이다. 반면 토지이용의 효율성을 극대화하고 다양한 건물 디자인을 선보이는 데 층수 규제가 걸림돌이 된다는 반론도 팽팽하다. 35층이라는 층수 규제는 과도하고 획일적이며, 개발 규모 확보를 위한 건폐율 증가로 오히려 단지 내 공간이 좁아져 경관이 악화된다는 것이다. 예전과 달리 경관을 둘러싸고 사익과 공익이 맞서는 구조다. 그런데 양자 모두 경관을 위해서라고 주장한다. 아마도 그 차이는 사유화된 경관과 시민 모두가 공유하는 경관에 대한 관점의 차이일 것이다. 자본주의 사회에서 사유재산권을 주장하고 그것을 보호하는 것은 마땅한 일이지만, 개인의 이익이 공공의 이익과 충돌한다면 어떻게 해야 할까.

물론 공공성이 필요하다고 해서 무조건 개인의 희생을 요구하는 것은 바람직하지 못하다. 객관적인 입장에서 공공성을 이야기하는 것은 어렵지 않지만 막상 내 집과 내 재산 이야기라면 달라질 수 있다. 게다가 공공의 이익 때문에 내 집의 가격이 오르내린다면 판단은 더 힘들어진다.

하지만 자연과 역사 경관 주변에 들어서는 건물의 높이가 적절하지 않으면 자연과 역사 경관이 훼손되고 우리로서는 오랜 기간 그 훼손된 경관을 지켜볼 수밖에 없다. 따라서 서울뿐 아니라 많은 해외 도시에서도 공공은 다양한 수단으로 건축 규제에 개입한다. 경관을 누구의 것도 아닌 모두의 것으로 보기 때문이다. 그렇지만 일반적으로 사람들은 내 땅에 적용되는 기준에만 관심을 둘 수밖에 없다. 그렇다면 그 하나의 기준이 탄생하기까지 공공이 왜 도시 경관을 관리하는 것인지 그 의도와 배경을 적절히 이해할 필요가 있다.

## 기준은 필요하다

서울시는 자연과 역사 경관을 저해하는 고층 건물의 난립을 막고 도시 내 입지 위계에 따라 건축물 높이를 차등 관리한다. 도시 경관뿐 아니라 체계적인 도시 관리를 위해 경관 관리와 도시 관리의 핵심 요소인 높이와 입지를 규정한 것이다. 이 원칙과 기준은 '2030 서울플랜'이라는 서울시 도시기본계획에 수록되어 있으며, 한강변 관리 기본계획 등 다양한 지역별 관리 기준의 근간을 이루고 있다.

쟁점이 되는 35층이라는 높이는 서울시 전 지역이 아닌 용도지역이 일반주거지역(제3종)인 곳에만 한정적으로 적용되는 기준이다. 한강변에 특별히 요구되는 지침은 한강변 관리 기본계획에 별도로 담고 있다. 이 기준을 둘러싼 이야기는 본문에서 자세히 다루겠지만 이 기준이 마련되기까지 많은 전문가들이 참여하여 논의했는데, 경관을 배려하되 과도한 규제가 되지 않는 방향으로 검토가 이루어졌다는 점을 살펴보고 싶다. 특히 오해 여지가 있는 부분은 객관적으로 다시 짚어보아야 할 대목이다.

바람직한 높이에 대한 논의는 언제나 현재 진행형이다. 다만 현재의 높이 관리 기준은 경관이 더 이상 훼손되는 것을 막기 위해 만든 최소한의 기준이다. 사실 한강변 건축물의 고층 문제나 획일화된 경관 문제를 해소하기 위해서는 최고 층수 기준뿐만 아니라 건축 제도, 사업성 위주의 건설 관습, 사회·문화적 인식 등이 함께 변화하여야 한다. 그동안 다양한 현실적 여건 등으로 정교한 경관 관리를 위한 종합적인 논의가 지속되지 못하여 현재 '최고 높이 35층'이라는 숫자에만 매몰되어 있을 뿐이다.

## 공공재로서 도시 경관

한강에서 잠시 벗어나 우리 시대와 도시를 보다 거시적으로 보면 경관을 공공재로서 바라보아야 하는 이유를 알게 된다. 지금 우리는 성장과 개발이 중시되는 시대를 지났다. 저성장 시대로 돌입하면서 사람들은 경관을 바라보기 시작했고 이를 살펴볼 여유가 생겼다. 경회루와 소쇄원이 선사하는 주변 경관과의 조화와 그로 인한 아름다움, 누가 강요하지 않아도 풍경과 경관을 모두의 자산(공공재)으로 여겼던 그 생각이 이 시대에 확산되고 있는 것이다. 그동안 서울의 경관은 본연의 아름다움을 많이 잃었다. 산과 강, 언덕의 아름다운 자연이 훼손되었고, 역사적 장소와 분위기도 점점 사라지고 있다. 다행히 최근 들어 이에 대한 반성으로 경제와 개발 논리로 희생되었던 가치에 대해 관심을 갖기 시작했다. 삶의 양식이 곧 미의 양식이 될 만큼 시민들의 의식 수준과 취향도 많이 달라졌다. 도시 경관이 곧 공공재라는 인식 전환이 이루어지면서 경관을 더 이상 훼손하지 말고 아름답게 유지해야 한다는 인식이 확산되고 있다.

## 도시 공공성 회복의 시간

우리나라는 도시의 공공성을 성장, 개발, 실적, 효율 등이 지배하던 시대가 있었다. 지난 1960년대 이래로 압축 성장이라고 부를 만한 고도 성장을 경험했다. 선진 대도시가 200여 년에 거쳐 도달한 발전 수준을 불과 한 세대 만에 실현한 셈이다.

그러나 지금은 공공성의 위기가 누적되고 심화되면서 도시 공공성을 둘러싸고 새로운 정책과 시정철학이 요구되는 시대로 이행하고 있다. 오늘날 서울이 직면하고 있는 심각한 지역 개발 격차나 대규모 공간 개발은 장소성을 해체하여 일상생활의 위협으로 이어지고 있다. 아파트 높이 관리와 도시 경관에서 빚어진 갈등은 크게 보면 이런 도시 공공성 위기와 사회 가치의 변곡점 상황에서 기원한다고 볼 수 있다.

이러한 문제를 자각하고 도시 공공성을 재정립하기 위해 최근에는 포용 성장을 기반으로 한 포용 도시로 나아가야 한다는 주장이 있다. 제레미 리프킨Jeremy Rifkin은 『공감의 시대』에서 21세기는 공감적 감수성이 사회 운영의 결정적 요소가 되는 공감 시대라고 했다. 공감 시대에 포용 도시로 나아가기 위해서는 도시 전반에 공감적 감수성을 기반으로 한 새로운 패러다임을 확립하고, 공감 도시를 위한 정책운영 원리를 확립해야 한다. 이제는 도시 공동체 회복, 시민사회 및 지역사회 발전, 도시 공간의 역사성·장소성 회복 등을 기획하고 모색할 때인 것이다.

우리나라에 경관법이 만들어진 지 올해로 10년이 되었다. 경관법은 경관을 공공재로 보고 이를 관리하기 위한 수단으로서 경관계획과 경관사업의 근거를 제공하는 법으로 출발했다. 이후 2014년에는 개발사업과 건축물에 대한 경관심의를 의무화하면서 공공재로서 경관을 관리하기 위해 한 걸음 더 나아가고 있다. 하지만 아직은 경관법이 도시계획법처럼 강한 규제로 활용되기는 어렵다. 경관법은 경관심의를 통해 바람직한 경관을 유도하도록 하는 것이 주요 골자이기 때문이다. 우리나라의 경관법과 경관 관리는 이제 막 걸음마를 뗀 단계다. 수십 년에 걸쳐 성숙한 선진국과 비교할 때 시간이 좀 더 필요하다. 그나마 사업성에 초점을 맞추고 경관보다는 돈이 더 중요하다는 분위기에서 이제는 경관 관리를 위해 합의된 대원칙이 필요한 시점이라는 데 어느 정도 공감대가 형성된 것만으로도 의미 있는 성장이다.

이제는 경관을 포함하여 도시의 공공성을 회복할 때이다. 높아진 시민의식으로 충분히 논의 과정을 거치고 더 좋은 미래를 내다볼 수 있는 합의점을 찾아야 한다. 그러기 위해서는 원칙을 세우고 체계적으로 관리하되 시간을 충분히 가지고 미래를 내다봐야 한다.

도시는 유기체다. 본래 주어진 자연 경관에 오랜 시간 거쳐 사람들의 기억과 삶의 흔적이 켜켜이 쌓인 유기체다. 도시의 삶은 타인과 함께할 수밖에 없다. 특히 인구밀도가 높은 도시에서는 더욱더 그러하다. 아파트에서는 내 집 천장이 윗집의 바닥이고 내 집 바닥이 아랫집의 천장이 된다. 빅토르 위고는 "모든 집에는 주인이 있지만 그 집들의 외벽은 모든 사람의 것"이라고 했다. 오랜 시간을 충분히 가져서 얻어 낸 근대성, 공공성, 민주주의, 시민의식들의 총체가 지금의 도시를 형성하고 있는 셈이다.

서두를 필요는 없다. 지금 우리에게 필요한 것은 대원칙을 잘 실현하는 것이다. 좀 더 지혜를 모으고 공공의 관점에서 그리고 미래의 관점에서 서울의 경관을 셈해 보자. 풍수지리학자 조용헌은《서울의 재발견》에서 풍수지리로 보면 서울은 100점 만점의 완벽한 도시라고 말한다. 윷판의 한가운데 28수 북두칠성, 음양오행 7개의 별 중심에 우리가 있고 윷판을 압축하면 태극문양이어서 그 음양의 한가운데 서울이 있는 셈이란다. 내사산으로 둘러싸여 있고 한강이 풍요롭게 흐르는 완벽한 풍수지리의 서울, 우리의 선조가 그러했듯이 우리도 후손들에게 이 아름다운 도시 서울을 잘 물려줘야 한다. 이는 우리가 가져야 할 이 도시에 대한 예의이자 의무일 것이다.

2017년 6월

박현찬 · 정상혁

## 차례

# 1 | 서울의 변화

# 서울의 얼굴은 어떻게 변했나?

대한민국의 심장인 서울을 떠올릴 때,
사람들의 머릿속에 가장 먼저 떠오르는 이미지는 무엇일까?
서울의 대표적인 랜드마크라 할 수 있는 남산,
쇼핑의 중심 명동, 조선시대의 숨결을 느낄 수 있는 고궁 등
서울은 다양한 매력을 갖고 있다.
천혜의 자연환경을 최대한 존중하면서 공존해 온 도시,
오래된 한옥부터 고층 건물이 한데 어우러진 도시,
세계가 주목하는 수준 높은 문화예술의 도시,
많은 관광객들이 찾아오면서 세계의 시선을 받고 있는 도시.
이처럼 서울은 다채로운 매력을 가진 도시이다.
그렇다면 우리는 이 특별한 서울을 어떻게 지키고 관리해야 할까?
'관리한다'는 것의 기본은 고유의 아름다움을 잘 지키는 것이다.
즉 아름다운 도시를 만들기 위해서는
타고난 아름다움을 훼손하지 않는 것이 우선이다.
개발하되 주위 경관을 망가트리지 않도록 세심하게 관리하는 것이
결국 서울의 경관을 잘 관리하는 핵심이다.

1

# 서울의 얼굴

"자세히 보아야 예쁘다.
오래 보아야 사랑스럽다.
너도 그렇다."

나태주 시인이 쓴 〈풀꽃〉이란 시처럼, 경관도 그렇다. 흔히 멀리서 바라봤을 때 눈에 보이는 산과 강, 건물 등을 통틀어서 경관이라고 한다. 풀꽃도 자세히 보고 오래 보아야 진가를 알 수 있듯이, 경관도 보는 눈이 있어야 그 진가와 존재 이유를 알 수 있다.

서울(한양)이 조선의 도읍지가 된 이후 600여 년 동안 서울의 경관은 매우 다채롭게 변화했다. 무엇보다 오늘날 서울이 만들어지기까지 가장 기초가 된 것은 아름답고 풍부한 자연환경이다. 특히 자랑할 만한 점은 산이 많다는 사실이다. 조선시대 때 서울의 중심은 도성이었다. 이 도성을 내사산內四山이라고 불리는 네 개의 산, 즉 북쪽의 북악산, 동쪽의 낙산, 남쪽의 남산, 서쪽의 인왕산이 에워쌌다. 또한 도성 밖은 외사산外四山인 북쪽의 북한산, 남쪽의 관악산, 동쪽의 용마산, 서쪽의 덕양산이 둘러싸고 있었다. 이 외에도 도봉산, 불암산, 청계산 등 높은 산들이 서울의 경계를 이루며 도시를 지키고 있다.

우리는 서울 시내 어디서든 쉽게 산에 갈 수 있기 때문에 무감각할 수 있지만, 서울을 찾는 외국인들은 한 도시 안에 이렇게 많은 산이 있다는 사실에 깜짝 놀란다. 외국 대도시는 대부분 평야에 자리 잡고 있어서 서울처럼 많은 산을 볼 수 없기 때문이다.

주목할 점은 이렇게 사방이 산으로 둘러싸인 서울 한가운데를 한강이 지난다는 사실이다. 서울을 강북과 강남으로 나누는 한강은 서울의 대표적인 자연경관으로 중랑천, 탄천, 안양천, 홍제천과 같은 하천들의 근원이 된다. 산과 강 이외에 서울의 또 다른 특징은 언덕이 많다는 점이다. 부암동, 한남동, 상도동, 봉천동이나 강남의 논현로나 언주로 등 서울 곳곳을 다니다 보면 가파른 경사지를 만난다. 서울시민이라면 누구나 이 언덕을 숨 가쁘게 걸어 본 경험이 있을 것이다.

이렇듯 자세히 보면 서울은 참으로 지루할 틈 없이 변화무쌍하고 다채로운 지형을 갖고 있다. 그리고 이러한 자연 조건은 서울이 600여 년 동안 수도로서 역할을 할 수 있는 중요한 기반이 되었다. 우선 분지 안에 위치하여 넓게 펼쳐진 평지와 구릉지를 통해 시가지를 넓힐 수 있었다. 여기에 한강은 천만 명이 넘는 서울시민들의 식수는 물론 농업·공업용수를 제공하는 젖줄이 되었다. 어디 그뿐인가. 분지를 둘러싸고 있는 산들은 과거 적들의 침입을 막는 방어 기능을 했고, 황사나 미세먼지 등 대기오염이 심각한 오늘날에는 서울의 산소통 역할도 하고 있다. 등산객들이 몰리면서 몸살을 앓고 있긴 하지만 그럼에도 산은 여전히 푸르고, 변함없이 우리에게 좋은 공기와 경관을 제공하며 품을 내주고 있다. 오랜 시간 모진 풍파와 인간의 탐욕을 묵묵하게 품으면서 제자리를 지켜온 것이다. 화창하게 맑은 날, 남산에 오르면 내사산과 외사산, 그리고 한강이 한눈에 펼쳐진다. 자연이 그려 내는 그 경관은 세계 어디에 내놓아도 손색없는 훌륭하고 아름다운 우리의 자산이다.

더불어 서울은 유적지와 유서 깊은 장소들이 많은 도시이다. 조선 왕조 500년의 역사가 깃든 곳인 동시에 기원전 18년 건국된 백제가 500여 년간 전성기를 보낸 수도였다.

유구한 역사만큼이나 도시 곳곳에 크고 작은 역사적 상처들도 많이 발견된다. 특히 경복궁, 창경궁 등 궁궐이 훼손되고 역사의 흔적도 많이 잃었다. 다행히 모진 시간을 잘 버텨준 산은 우리에게 한양도성(사적 제10호)을 남겨 놓았다. 한양을 지키던 4대문(숭례문:남대문, 숙청문:북대문, 흥인지문:동대문, 돈의문:서대문)과 4소문(혜화문, 서소문, 광희문, 창의

문), 그리고 이를 연결하는 약 18킬로미터에 이르는 한양도성은 오래전 한양과 오늘날 서울을 역사적으로 이어 준다.

한양도성을 걷다 보면 경복궁, 덕수궁, 창덕궁, 창경궁, 경희궁 등 5대 궁궐을 비롯하여 도시 전역이 역사문화의 장이라 할 정도로 선사시대부터 근대에 이르기까지 다양한 역사자원을 보유하고 있다는 사실에 감탄하게 된다. 그리고 어느 쪽 성곽 길을 걷느냐에 따라서 달라지는 풍경을 보는 묘미가 있다. 산과 숲, 성곽과 도심이 어우러진 풍경이 파노라마처럼 펼쳐지기도 하고, UFO 형태와 비슷한 동대문디자인플라자(DDP)부터 아직도 군데군데 남아 있는 달동네의 흔적과 새롭게 변모하는 도시의 풍경을 한눈에 볼 수 있다.

600여 년 동안 늘 같은 자리에서 어머니의 품처럼 서울을 크게 감싸고 있는 한양도성은 서울의 아름다움과 개성을 상징적으로 보여주는 명소다. 특히 한양도성은 반듯하게 이어진 중국의 시안성과 비교했을 때 구불구불 오르내리는 재미가 있고, 산등성이를 따라 성을 쌓았기 때문에 보이는 풍경이 매우 다채로워서 많은 시민들의 산책길로 사랑받고 있다.

자연 경관과 더불어 서울은 활력 넘치는 도시의 얼굴도 지니고 있다. 특히 도시 면적의 대부분을 차지하고 있는 주거 지역은 산자락을 따라 형성된 단독주택 밀집 지역에서부터 한강변을 따라 지어진 고층 아파트까지 다양한 형태로 도시의 경관을 이루고 있다. 초고층 건물이 스카이라인을 형성하고 있는 중심업무 지역도 존재한다. 널찍한

저 멀리 N서울타워는 이곳이 서울임을 말해 준다. 산과 숲, 성곽과 건물이 어우러진 풍경 또한 서울다운 서울의 얼굴 중 하나다.

도로와 이를 둘러싸듯 높게 솟아 있는 건물들은 빌딩숲을 연상하게 하는데, 대표 지역으로 강남 도심의 테헤란로 주변과 여의도를 꼽을 수 있다.

이 외에도 이태원, 경리단길처럼 다양한 문화 특성이 나타나는 지역과 북촌이나 삼청동처럼 과거와 현재가 함께 공존하는 지역도 있다. 또한 덩치가 큰 공장들이 이전한 자리에 복합쇼핑몰이나 문화시설, 아파트 등이 들어서고, 삼청동과 홍대 같은 생동감 넘치는 새로운 소비 공간이 생겨나기도 했다. 이처럼 자연과 역사, 그리고 활력이 공존하는 다채로운 도시 경관을 갖는 서울은 자세히 들여야볼 때마다 새로운 속살을 보여 준다.

2

# '아파트'라는 낯선 집

우리 선조들은 자연에 순응하고 존중하는 방식으로 경관을 잘 관리했지만, 안타깝게도 근대에 들어서면서 서울의 경관은 아파트와 함께 많은 고초와 변화를 겪었다. 아파트는 현재 우리나라의 대표적인 주거 공간으로 서울 인구의 절반 이상이 아파트에 살고 있다. 서울의 역사는 아파트의 역사와 맞닿아 있다는 말이 나오는 이유다.

우리나라에 처음 아파트가 세워진 때는 언제이며 급속도로 아파트가 확산된 이유는 무엇일까? 우리나라 그중에서도 특히 서울이 아파트 도시가 된 원인을 알기 위해서는 우선 아파트의 역사부터 살펴볼 필요가 있다.

우리나라 최초의 아파트는 일제 강점기 때 지어졌다. 물론 이때 지어진 아파트는 한국에 거주하는 일본인들의 가족용 숙소나 외국인을 위한 장기 투숙 호텔이었기 때문에 진정한 의미의 아파트라고 하기는 조금 부족하다. 그러나 아파트의 형태를 띤 건물로는 최초였고, 그 뒤 1950년대 이르러서 서민들을 대상으로 한 아파트가 본격적으로 지어졌다. 그리고 50여 년이 지난 지금은 국민의 과반수가 아파트에 살고 있다. 불과 반세기 만에 우리의 주거 환경이 이렇게 바뀐 것이다.

해방 이후 지어진 최초의 아파트는 1956년에 건설된 중앙아파트다. 원래 중앙산업에서 사원아파트로 사용하기 위해 지은 아파트였는데 사람들의 반응이 좋자 그 뒤 종암아파트와 개명아파트를 차례로 지어서 민간에 분양했다. 당시 아파트는 5층 높이의 저층 아파트나 연립주택과 비슷한 형태였고, 평수는 13~17평 정도로 연탄아궁이를 사용했다.

연탄보일러 대신 기름보일러가 처음 등장한 것은 1964년 마포아파트를 지을 때였다. 조금씩 사람들이 아파트에 대해 관심을 갖기 시작하자 주택공사는 이런 분위기를 틈타 10층짜리 아파트를 기획했다. 그리고 엘리베이터와 중앙난방을 도입하는 파격적인 계획을 세웠다. 하지만 이내 심한 반대 여론에 부딪혔다. 기름 한 방울 나지 않는 나라에서 기름보일러를 사용하여 기름을 쓰는 것이 낭비라는 이유에서였다.

주택공사가 반대 여론에 한발 물러나서 내놓은 대안은 연탄보일러를 사용하는 개별난방식의 6층짜리 아파트였다. 그런데 연탄가스에 대한 공포심이 불거지면서 입주자들이 입주를 망설이는 일이 벌어졌다. 급기야 시공사 직원이 직접 아파트에 들어가서 하룻밤을 자고 나오는 퍼포먼스를 한 뒤에야 입주를 시작하는 등 마포아파트는 시작 단계부터 입주까지 우여곡절을 겪었다.

소형 평수에 연탄보일러를 사용하는 5층 정도 높이의 복도식 아파트, 이것이 1950~1960년대 아파트의 특징이다. 그리고 아파트라는 낯선 주거 형태를 받아들이는 시기였던 만큼 시민들이 아파트에 적응하기까지 시간이 꽤 걸릴 수밖에 없었다.

3

# 더 높게 더 크게

## 1970~1980년대

한국전쟁 이후 우리나라 서민들의 삶과 애환을 가장 잘 표현해 주는 것으로 판잣집만 한 것이 또 있을까. 한국전쟁 이후 고향과 삶의 터전을 잃은 사람들은 판잣집을 짓고 다시금 삶을 꾸려 갔다. 당시 모든 대도시에 판잣집들이 기하급수적으로 늘어났고, 서울도 예외는 아니었다. 피난 내려온 북한 동포들이 200만 명에 이르고, 전쟁 이후 베이비붐으로 인구가 폭발적으로 증가했다. 게다가 1960년 경제개발계획이 본격적으로 추진되자 성공을 꿈꾸며 농어촌에서 상경하는 사람들까지 몰려 서울의 인구가 347만 명까지 폭발적으로 증가했기 때문이다.

그런데 당시 공공부문에서 공급한 공영주택은 1만 3,000세대뿐이

서울의 마지막 달동네라 불리는 노원구 불암산 자락의 백사마을 전경. 1960년대 서울 도심 개발에 밀려난 사람들이 정착하면서 마을이 형성되었다.

었다. 사회가 혼란스럽다 보니 당장 증가하는 인구를 수용할 만한 주택 정책을 계획하고 실행할 여력이 없었던 것이다. 가난한 서민들이 어쩔 수 없이 만들어 낸 판자촌이지만 그 속에서 사람들은 이웃과 정을 나누면서 끈끈한 공동체를 형성해 갔고, 판자촌은 그 후로 꽤 오랫동안 공식적인 주거 형태로 자리 잡았다.

그러나 시간이 지나면서 판자촌은 점점 뜨거운 감자가 되었다. 개발의 필요성이 대두된 탓도 있지만, 판자촌이 도시 미관을 해치고 화재가 자주 일어나면서 정부로서는 불법 판잣집을 묵인할 수만은 없었다. 이후 철거 문제로 정부와 판자촌 주민들의 팽팽한 줄다리기가 거듭되며 진통은 계속되었다. 그러다 1973년 '주택개량 촉진에 관한 임시조치법'이 제정된 뒤 '재개발'이라는 이름으로 달동네가 개발되기 시작했다. 가난의 상징이던 판잣집은 안전상에도 문제가 있는 만큼 판자촌을 철거하고 재개발할 필요가 있었다. 하지만 도시 개발이라는 이름으로 사회적 약자를 몰아내는 부작용도 컸다.

정부는 영세민들의 주거 문제를 해결하기 위해 판자촌 부지에 1968년부터 1971년까지 시민아파트 2,000동을 건설하기로 했다. 이를 시작으로 서울 시내 곳곳에 아파트가 빠르게 세워졌다. 특히 서울의 대표적인 판자촌이었던 청계천 주변과 옥수동, 난곡동 등 달동네를 중심으로 아파트가 세워졌다. 그 속도가 얼마나 빠르던지 하룻밤 자고 일어나면 아파트 한 채가 세워졌다는 말이 나올 정도였다.

그러던 중 큰 사건 하나가 터졌다. 1970년 4월, 와우아파트가 붕괴

되면서 80여 명의 사상자가 발생했다. 무모한 불도저식 개발과 부실 공사가 빚어낸 참사였다. 그 무렵 경기도 광주 일대 350만 평에 철거민 이주단지를 만들려 했던 광주대단지 사업도 부실한 준비로 주민의 거센 저항에 부딪히면서 결국 무산되고 말았다.

## 단지형 아파트 시대가 열리다

그 뒤 정부는 서민층이 아니라 중산층을 대상으로 아파트를 짓기 시작했다. 50평대를 비롯해 다양한 평수로 지은 한강맨션이 사람들의 마음을 사로잡으면서, 아파트에 대한 이미지를 완전히 바꾸는 데 성공했다. 고급화 전략이 통한 것이다. 그러면서 아파트 높이도 10층 이상으로 높이고, 평수도 20~50평으로 다양화했다. 더불어 엘리베이터와 기름보일러를 이용한 중앙난방을 도입했다.

1970년대 아파트의 가장 큰 특징은 단지 규모로 세워졌다는 점이다. 판자촌과 도심 재개발을 통해 주택난을 해결하고자 노력하던 정부가 궁리 끝에 찾아낸 해결책이 바로 대규모 단지형 아파트다. 그때까지 지어진 아파트는 대부분 10동 이내의 소규모였고, 평수도 작은 데다 시설도 좋지 않아 '고층 판자촌'이라고 불리는 수준이었다. 그런데 1971년 엘리베이터를 설치한 12~13층, 24개동 규모의 여의도 시범아파트가 세워지며 단지형 고층 아파트 시대가 시작됐다. 단지형 아파

'아파트는 튼튼하고 고급스러운 집'이라는 시범을 보였다고 평가받는 여의도 시범아파트. 여의도 시범아파트 이후 아파트에 대한 인식이 바뀌면서 고층 아파트 시대가 시작되었다.

트는 기존 주거 문화를 바꾸어 갔다. 여러 동이 몰려 있다 보니 아파트 주민을 위한 상가가 따로 만들어지기 시작했고, 그로 인해 그들만의 세상이 형성된 것 같은 느낌을 주었다. 아파트에 대해 이러쿵저러쿵 말하는 사람들이 많아지고 위화감을 조성한다는 비판적인 시선을 받긴 했지만, 이후 잠실 주공5단지가 15층으로 건설되는 등 단지형 고층 아파트가 줄이어 건설되었다.

## 한국 최초의 신도시 '강남'

"더 높게, 더 크게"라는 구호를 내세우며 서울을 새로운 도시로 건설하겠다는 부푼 꿈 속에서 아파트들이 세워졌다. 마포, 정릉동, 홍제동, 한남동, 화곡동 등에 소규모 아파트와 대규모 고층 아파트가 들어선 것도 이때였다. 자연스럽게 사람들의 머릿속에 아파트가 새로운 주거 형태로 인식되면서 아파트의 인기도 올라갔고, 아파트 건설 붐도 절정에 이르렀다. 그 무렵 사람들의 시선에 들어온 곳이 강남이었다.

당시 서울의 중심은 강북이라 할 만큼 도시의 기능이 강북에 집중되어 있었다. 그러자 포화 상태에 이른 강북 인구를 분산시키기 위해 한강 남쪽, 즉 강남 지역 개발에 대한 필요성이 대두되었다. 사실 그전까지만 해도 강남은 "남편이나 마누라 없이는 살아도 장화 없이는 못 산다"라는 말이 나올 정도로 비만 오면 물에 잠겨서 외면받는 땅이었다. 한마디로 도시로서 기능을 할 수 없는 땅이었다.

그러다 1969년 강북의 한남동과 강남의 신사동을 잇는 제3한강교(오늘날의 한남대교)가 완공되면서 강남의 가치가 서서히 부각되었다. 그리고 정부 주도로 강남 개발에 초점이 맞춰지면서 1975년 건설부는 강남의 반포동, 청담동, 압구정동, 도곡동 일부 지역을 아파트 지구로 지정했다. 뽕나무밭이었던 잠실에 대규모 아파트 단지를 세운 것도 이때였다.

한국 최초의 신도시, 그 이름에 걸맞게 무려 900만 평에 달하는 어마어마한 규모의 강남 개발이 시작되었다. 이를 통해 강남은 서울의 주택 공급 부족 사태의 해결사로 급부상했다. 더불어 아파트 역시 도시 주택난의 해결사이자 근대화의 상징이 되었다.

## 도시의 미美에 관심을 갖다

"별빛이 흐르는 다리를 건너
바람 부는 갈대숲을 지나
언제나 나를 언제나 나를
기다리던 너의 아파트."

1976년부터 건립된 잠실 주공5단지는 그 전에 지은 1~4단지에서 선보인 중정형 배치를 포기하고 강변을 따라 단지를 조성했다. 층수는 15층으로 당시로서는 고층 아파트였다.

가수 윤수일이 불러서 큰 인기를 얻은 〈아파트〉의 한 대목이다. 이 노래가 나온 것은 1982년으로, 아파트가 대중가요 속에 등장할 만큼 익숙한 주거 형태가 되었음을 짐작할 수 있다. 1960년대까지만 해도 서울에서 신축되는 주택 대다수는 단독주택이었다. 하지만 1970년대에 이르러 단독주택과 아파트의 신축 건수가 비슷해지다가 1980년대 들어서는 아파트가 단독주택 신축 건수의 두 배를 넘어섰다.

당시 서울은 '한강의 기적'으로 전 세계의 이목을 받았는데, 그 기적의 중심에는 강남이 있었다. 강남은 1970년대부터 노른자 땅으로 부각되기 시작해서 1980년대 들어서는 경기고등학교와 휘문고등학교 등 명문 고등학교들이 강남으로 이전하고, 코엑스와 예술의전당 같은 문화예술 공간이 만들어지면서 연일 상한가를 올렸다.

1980년대 빼놓을 수 없는 것이 1986년 개최된 서울아시안게임과 1988년 개최된 서울올림픽이다. 국제화 시대로 막 들어서는 이 시기, 서울은 손님맞이를 앞두고 도시 경관의 중요성을 인식하기 시작한다. 그때 눈에 가장 거슬리는 것이 거리의 노점상과 무허가 주택이었다. 서울을 찾는 이들에게 산뜻하고 깔끔한 인상을 주고 싶은 마음에 '거리 환경 미화'라는 명분으로 노점상들을 철거했고, '도시 미화'를 위해 무허가 주택들을 정리하면서 그 자리에 대규모 건물과 아파트를 지었다.

또한 획일적인 경관을 탈피하기 위한 다양한 시도들도 있었다. 특히 잠실에 아시아선수촌 아파트(1986)와 올림픽선수촌 아파트(1988)가 들

아시아선수촌 아파트와 올림픽선수촌 아파트가 들어서면서 아파트 건축은 새로운 변곡점을 맞았다. 특히 아시아선수촌 아파트는 9, 12, 15, 18층으로 높이를 달리하는 등 국내에서 처음으로 아파트 스카이라인을 고려해 설계되었다.

어서면서 아파트 건축은 새로운 변곡점을 맞게 된다. 전체 1,356가구의 전형적인 고급 아파트 단지로 꼽히는 아시아선수촌 아파트는 기존의 획일적인 높이에서 벗어나 9, 12, 15, 18층으로 높이를 달리하는 등 국내에서 처음으로 아파트 스카이라인을 고려해 설계되었다. 덕분에 단지 내 어디에서나 하늘을 볼 수 있는 스카이라인을 갖고 있다. 올림픽선수촌 아파트도 모든 동에서 좋은 경관을 누리게 하기 위해 각 동을 방사형으로 배치하며 기존 아파트 단지의 상식을 깼다.

## 도심에서 외곽으로, 단지화에서 대형화로

1980년에 이르러 서울의 인구는 837만 명에 육박했다. 1970년 이후 10년간 약 283만 명이 증가한 수치다. 늘어나는 인구에 비해 주택 공급은 여전히 부족한 데다 땅 투기가 극심하고, 땅값도 천정부지로 올랐다. 부동산 시장을 안정시키기 위한 대책을 찾던 정부는 서울 외곽의 목동, 상계동, 중계동으로 눈을 돌렸다. 원래 이 지역은 1960년대 이후 지방에서 올라온 빈민들이 터를 잡은 빈민촌으로 정부 차원의 대규모 택지개발사업이 진행되면서 철거민들과 많은 마찰이 있던 곳이다. 그렇게 길고 긴 진통 끝에 서울 외곽의 첫 신시가지가 탄생했다.

1980년대 아파트의 특징은 단지화가 자리 잡으면서 대형화되었다는 점이다. 1980년대 후반 완공된 목동과 상계동 아파트 단지는 각각 20층, 25층으로 모두 고층이었다. 건설사들은 저마다 중산층을 겨냥한 고층 아파트로 승부수를 띄우며 물량 공세를 펼쳤고, 아파트의 인기와 지위도 자연스럽게 올라갔다.

## 4
# 반성과 새로운 시작
### 1990년~2000년대

1990년 드디어 서울의 인구가 1,000만 명을 넘어섰다. 1,000만 인구를 수용하기 위해 서울시는 재개발정책에 따라 산자락에 아파트를 짓기 시작했다. 울창한 숲은 빠르게 고층 아파트로 대체되었지만 늘어가는 서울의 인구를 모두 수용하기에는 역부족이었다. 서울이 아파트로 포화 상태가 되면서 더 이상 새로 지을 땅이 없자 서울을 대체할 새로운 도시가 필요했다. '신新'이라는 접두사가 유행어처럼 사용된 것도 이때부터다. 서울을 넘어 수도권 신도시로 아파트 열풍이 확산되면서 아파트는 서울과 수도권의 대표적인 주거 형태가 되었다. 이러한 모습을 프랑스 지리학자 발레리 줄레조Valerie Gelezeau는 '아파트 공화국'으로 요약했다.

개발 열기로 숨 가쁘게 질주하던 분위기는 1994년, 서울 정도 600년을 맞으면서 변화의 조짐을 보이기 시작했다. '서울 정도 600년 사업'은 서울의 정체성을 되돌아보는 좋은 계기가 되었다. 사람들은 도시 개발을 통해 발전과 성장을 이룩했지만, 다른 한편 잃어버린 것이 많음을 발견했다. 그동안 개발 위주의 정책을 쫓다가 서울의 자연과 역사를 심각하게 훼손했다는 반성과 함께 회복과 보전에 대한 경고 신호를 듣기 시작한 것이다. 그러면서 점차 남산과 한강 살리기, 역사 도시 회복 등 서울의 정체성을 찾는 데 관심을 갖기 시작했다.

그 출발점은 '남산'이었다. 당시 남산에는 1968년 외국 투자 유치 목적으로 건설된 남산 외인아파트가 있었다. 남산 중턱에 병풍처럼 세워진 외인아파트는 서울의 대표 경관인 남산과 한강을 모두 가로막고 있었다. 서울시는 남산제모습찾기 사업을 진행하면서 먼저 문제 경관인 외인아파트를 철거했다. 그리고 뒤이어 남산과 주변 지역의 건물 높이를 제한하는 고도 규제를 도입했다. 남산 주변 건물의 높이를 제한하는 문제는 1990년대 초부터 논의가 있었지만 1995년에야 비로소 남산 주변의 약 74만 평을 '고도지구'로 지정했다.

고도 규제의 주요 내용은 남산 고도지구 내의 건물 높이를 5층에서 12층까지로 제한하는 것으로 건물 위치에 따라 3층 이하로 제한하기도 했다. 남산제모습찾기사업을 시작으로 서울의 자연 경관을 회복하고 보전하는 데 시민들의 관심과 공감대가 형성되었다.

## 아파트, 부의 상징이 되다

1997년 말 IMF 외환위기를 맞으면서 주택 시장에도 많은 변화가 있었다. 우선 주택보급률이 100퍼센트를 넘어서면서 기세등등하던 아파트의 인기와 가격이 폭락했다. 부동산 시장이 얼어붙으며 땅장사로 큰돈을 벌었던 건설사도 비운을 맞았다. 경영 악화와 무리한 투자로 인해 역사 속으로 사라지는 건설사가 속출했다. 그야말로 총체적 난국이었다.

아파트 시장도 새로운 국면을 맞이했다. 고층 아파트 시대가 저물고 초고층 주상복합 아파트가 등장한 것이다. 우리나라에서 부를 상징하는 것은 자동차와 명품가방 등 여러 가지가 있겠지만, 요즈음에는 '어느 지역에 사는지' 혹은 '어느 아파트에 사는지'로 판단하는 경우가 많다. 부를 상징하는 대표적인 곳으로 바로 IMF 외환위기가 끝난 뒤 지어진 도곡동의 타워팰리스를 꼽을 수 있다. 타워팰리스는 호텔 같은 최고급 시설을 갖춘 66층 높이의 성채 같은 주상복합 아파트로 부동산 시장의 지형을 바꿔 놓았다.

2004년 3만 5,668평에 들어선 타워팰리스의 외관은 기존의 다른 초고층 아파트를 압도했다. 단지형 아파트는 상가와 유치원, 학교 등 각종 시설들이 단지 안에 있었는데, 타워팰리스는 한 걸음 더 나아가 건물 안에서 모든 것을 할 수 있었다. 저층부에 상가가 있고 상층부에 주거용 아파트가 있는 주상복합 형태로, 헬스클럽과 슈퍼마켓 같은 생

타워팰리스는 최고의 시설과 마감재를 사용한 한국 최초의 초고층 주상복합 아파트이다. 입주 당시부터 배타적 공동체 문화를 형성하고 교통 문제를 야기하는 등 초고층 주상복합 아파트에 대한 논란이 끊이지 않았다.

활편의 시설은 물론이고, 입주자들을 위한 안내프런트 같은 고급스러운 부대시설이 건물 안에 있었다.

입주 당시 언론에서는 타워팰리스의 내부 시설과 서비스뿐 아니라 "거기 누가 누가 산다더라" 하는 식의 정보를 연일 보도했고, 그런 소식을 접한 사람들은 타워팰리스가 대한민국 최상류층이 거주하는 곳임을 인정할 수밖에 없었다. 타워팰리스의 성공으로 초고층 주상복합 아파트 붐이 강남에서 강북으로, 그리고 전국으로 확산되었다.

타워팰리스의 등장은 이후 아파트 건축의 흐름을 바꾸어 놓았다는 점에서 의미가 있다. 과거 아파트는 평수를 늘리는 수평적 확대를 추구했다면, 타워팰리스는 위로 올리는 수직적 확대를 시도했기 때문이다. 타워팰리스의 인기는 고층 열풍으로 이어져 30~40층 높이의 아파트가 잇따라 지어졌고, 삼성동 아이파크, 성수동 갤러리아포레처럼 고급스럽고 친환경적인 아파트가 줄지어 들어섰다. 불과 60년 전만 해도 연탄아궁이를 이용하던 아파트가 버튼만 누르면 모든 게 해결되는 최첨단 아파트로 변신한 것이다.

## 뉴타운 사업과 획일적 경관

1960~1970년대에는 "성공하려면 서울로 가야 한다"라는 말이 있었다. 그러다 점차 "성공하면 서울의 강남에서 살아야 한다"라

초고층 주상복합 아파트의 인기는 고층 열풍으로 이어지며 30~40층 높이에 고급스러운 디자인과 자연친화적인 조경을 가진 아파트가 줄지어 들어섰다.

같은 높이와 같은 모양의 아파트가 우후죽순 들어서면서 한강변 경관을 지루하고 단조롭게 만들었다.

는 말이 정설처럼 사람들 사이에서 오르내렸다. 그만큼 서울의 주택 시장은 지역과 위치에 따라 가격 차이가 뚜렷해졌다. 같은 크기의 아파트라도 강남과 강북, 경기 북부와 경기 남부, 수도권과 지방의 집값 격차가 크게 벌어지는 현상이 일어난 것이다.

부의 양극화가 이루어지면서 경제 불평등 문제가 불거지기 시작하자 서울시는 균형 있는 지역 발전을 위해 2002년부터 재정비촉진지구를 지정하여 강북 뉴타운 사업을 시행했다. 강남 재건축 못지않게 강북 뉴타운의 열기는 거셌다. 뚝섬, 용산, 마포, 영등포 등 강북 재개발 지역은 뉴타운이라는 이름으로 확대되면서 강남에 버금가는 투기 바람을 일으켰다. 그 결과 노후되고 불량했던 주거지 환경은 정비되었지만, 짓기에만 급급한 나머지 대규모 아파트 단지들이 아무 개성 없이 획일적으로 지어져서 경관에 대한 지적을 받았다.

5

# '높이'에 대한 욕망과 공공성 사이

2015년 인구주택총조사에 따르면 서울의 아파트는 총 1,637만 호로 전체 주택유형의 약 60퍼센트를 차지한다. 아파트가 차지하는 비중은 매년 꾸준하게 성장하는 추세다.

그러다 보니 서울을 대표하는 경관도 산과 언덕과 강이 만드는 자연 그대로의 아름다운 선이 아니라 고층 아파트가 만들어 낸 스카이라인이 되었다. 그래서인지 외국인들이 우리나라에 와서 시선적으로 가장 압도당하는 것이 바로 아파트 경관이라고 한다.

도대체 어쩌다가 아파트가 서울의 대표 경관이 되었을까? 아파트가 서울의 대표 경관으로 꼽힐 만큼 그 수가 계속 늘고 발전한 이유로 몇

고층 아파트가 만들어 내는 한강변의 스카이라인. 우리에게는 그리 낯설지 않은 모습이지만 외국인들이 우리나라에 처음 와서 시선적으로 압도당하는 것이 바로 아파트 경관이다.

실제로 서울의 스카이라인은 눈에 띄게 변했다. 고층 아파트가 무분별하게 지어지면서 우리의 시선을 가로막고 있다.

가지를 들 수 있겠다.

첫째, 근대화 정책이 가장 큰 원인이다. 국가 주도로 단시간 내에 경제 성장을 이루는 것이 목표였던 독재 정권 시절, 대량의 주택을 빠른 속도로 공급하기 위해서는 아파트만 한 것이 없었다. 이때 정부 지원으로 많은 건설사들이 아파트 건설 사업에 참여하면서 대기업으로 성장하는 발판을 마련하였다. 하지만 빨리 많이 짓다 보니 문제점도 드러났다. 정해진 시간에 많은 양을 지어야 하고, 아파트 분양가 상한제로 분양가를 싸게 책정하다 보니 건설사로서는 아파트를 공장에서 찍어낸 성냥갑처럼 획일적으로 제공할 수밖에 없었다.

둘째, 온수와 난방, 방범 등 현대적인 시설과 시스템, 주차 공간을 확보한 아파트는 생활하기에 편리했고, 게다가 분양만 받으면 집값이 몇 배나 뛰기 때문에 경제적인 이익을 누릴 수 있었다. 중산층이 성장하면서 그만큼 삶의 질과 지위도 상승했다. 그러다 보니 정부와 지자체도 교육이나 행정 등 여러 분야에서 대규모 아파트 단지를 건설하는 데 전폭적인 지원을 아끼지 않았다. 강북의 명문 학교들이 강남으로 이전해 8학군을 형성한 것도 이런 이유에서였다.

셋째, 서울에는 대규모 아파트 단지가 인기가 좋은데, 이는 되도록 많은 사람들이 힘을 합칠 때 안전하다는 심리적인 요인이 작용한 결과다. 아파트 단지를 대규모로 지어야 문제가 생겼을 때 집단행동을 통해 보다 수월하게 문제를 해결하거나 보상받을 수 있다고 생각하기 때문이다. 이런 몇 가지 이유들로 아파트는 서울의 대표 경관이 되었다.

## '서울 경관' 이대로 괜찮을까?

각각의 도시는 저마다 고유한 경관을 갖고 있다. 그중에서도 대표적인 경관은 스카이라인이다. 현대 도시에서는 높고 낮은 건물들이 어우러져 복잡하고 다양한 스카이라인을 만든다. 뉴욕은 하늘을 찌를 듯이 높이 솟은 고층 건물들이 만들어 내는 스카이라인으로 유명한데, 어느새 이 경관은 현대 도시를 상징하는 스카이라인이 되었다.

그럼 서울의 스카이라인은 어떠한가? 원래 서울은 도성 주변을 둘러싸고 있는 북한산, 관악산, 남산 등 산 능선이 부드럽게 흐르는 아름다운 스카이라인을 가지고 있었다. 하지만 아파트 시대가 열리면서 무분별하게 지어진 고층 아파트가 점점 자연이 만들어 낸 아름다운 선을 계속 지워 가고 있다. 실제로 몇 년 사이 서울의 스카이라인은 눈에 띄게 변했다. 거의 10년마다 한 번씩 재개발이나 재건축이라는 명목으로 대규모 아파트 단지를 짓다 보니 서울 곳곳의 경관이 가로막히고, 지루하고, 답답한 모습으로 변해 버리는 건 당연한 결과였다.

사람들은 모두 더 높은 곳을 바라지만, 그렇게 해서 만들어진 서울의 모습에는 어떤 특색도 없다. 무분별하게 개발한 탓에 아파트가 산을 가리거나 주변과 어울리지 않게 나 홀로 우뚝 솟은 돌출 경관을 형성하고 있다. 오로지 높게, 또 빠르게 달려오다 보니 도시 전체 환경에 대해서는 깊게 생각하지 못했다는 반성과 더불어 서울의 경관에 대한 우려의 목소리가 커지고 있는 상황이다. 사람들이 서울 경관의 심각

서울 삐삐015
서울이동통신

성에 대해 관심을 갖게 된 결정적 계기는 앞서 언급한 초고층 주상복합 아파트의 출현이다. 초고층 주상복합 아파트는 여러모로 우리 사회에 상당한 부담을 주었다.

1960~1970년대에 지어진 소규모 아파트들은 주변 환경을 잠식하거나 압도하지 않았다. 물론 대규모 아파트 단지의 경우 규모가 너무 커서 주변 환경과 분리되는 경향이 있긴 했지만, 초고층 주상복합 아파트는 그 정도가 심각했다. 또한 초고층 주상복합 아파트는 '전망 좋은 집'에 대한 사람들의 욕망까지 부추겼다. 전망이 좋으려면 더 높이 지을 수밖에 없다. 바벨탑 사건으로 시작된 고층에 대한 욕망이 지금까지 초고층 경쟁으로 이어지고 있다. 게다가 좋은 전망은 결국 돈이 된다는 인식 때문에 고층에 대한 욕망은 쉽사리 가라앉지 않는다.

결국 초고층 주상복합개발 붐의 영향으로 2008년 완공된 36층 잠실 파크리오처럼 공동주택의 고층화가 진행됐다. 초고층 아파트는 건설비가 많이 들지만 분양할 때 조망권 프리미엄이 추가되면서 사업성이 높아 조합들이 선호한다. 실제 일부 한강변 아파트는 같은 단지, 같은 크기인데도 조망권에 따라 가격 격차가 큰데, 때로 서울의 아파트 한 채 평균 가격을 넘어서는 경우도 있다. 입지에 상관없이 너도 나도 초고층 아파트 재건축을 시도하려는 이유다.

하지만 이로 인한 부작용도 간과할 수 없다. 가장 큰 문제는 서울의 경관이 망가지는 데 있다. 고층에 대한 욕망이 채워질수록 함께 누려야 하는 공공 경관이 줄어드는 것이다. 산과 강의 조망을 가리는 초고층 아파트를 짓고 일부 사람들만이 좋은 전망을 점유하게 되면 공적 조망은 어떻게 될까? 그리고 후손들이 누려야 할 공공 경관은 지켜질 수 있을까?

우리가 살고 있는 서울은 두 얼굴을 가지고 있다. 타고난 자연환경에 둘러싸인 서울과 불도저를 앞세운 채 높이 올려진 아파트로 가득한 서울. 개개인의 이익과 욕망은 두 번째 서울을 부추기며 첫 번째 서울의 모습을 지우고 있다. 그렇게 서울 본연의 모습이 점점 사라지고 있는 시대를 우리는 살아가고 있다.

# 2 | 모두의 자산, 경관

# 도시의 아름다움은 어디서 오는가?

도시의 경관은 아주 다양하다.
가만히 눈을 감고 한 도시를 떠올릴 때,
기억에 남는 풍경이 있다면 그것이 바로 그 도시의 경관이다.
끊임없이 많은 관광객들이 찾는 유럽의 도시들은
간단한 대원칙을 철저하게 지킨다.
예를 들면 도시 안에 있는 성당의 종탑보다
높은 건축물을 짓지 않는다는 식이다.
물론 과거에는 건축 기술이 부족하기도 했지만 종교적인 이유도 컸다.
일단 도시 중앙에 성당을 지은 다음 그 주변으로 집을 지었는데,
성당보다 높이 짓는 것을 죄스럽게 여겼기 때문이다.
그랬던 것이 자연스럽게 하나의 문화로 정착하면서
아름다운 경관을 갖게 되었다.
자연과 역사를 존중하고 보존하면서 도시의 개성을 살린 것이다.

1

# 아름다운 도시, 파리

파리는 아름다운 도시 중 하나로 손꼽힌다. 어느 각도에서 찍어도 작품이 되는 건축물들과 센강 양쪽으로 한 폭의 풍경화처럼 늘어선 건축물들은 파리를 찾는 사람들의 시선을 빼앗는다. 몽마르트 언덕을 걷다가 노트르담 성당의 종소리라도 울려 퍼지면 마치 한 편의 영화 속 주인공이 된 것 같은 착각에 빠지기도 한다. 파리가 예술과 낭만이 가득한 도시의 대명사가 된 것은 오랜 시간 국가와 국민이 함께 노력해서 얻은 값진 결과다.

프랑스는 우리나라만큼 자연의 혜택을 많이 받았다. 남서부 지역은 평야와 언덕으로 이루어져서 목초지가 많고, 남동부 지역은 석회암

고원과 가파른 비탈, 비옥한 평야와 계곡이 곳곳에 퍼져 있는 등 다채로운 지형이다. 뿐만 아니라 중부 지역은 쥐라, 알프스, 피레네 등 산악 지대까지 품고 있으니 환경적으로는 금수저를 물고 태어난 나라가 아닐 수 없다.

## 보존과 조화

프랑스는 이렇게 환상적인 자연 조건이 얼마나 중요한지를 잊지 않으며 경관 관리 원칙을 견고하게 세웠다. 그리고 개발 시 이 원칙을 따른다. 프랑스가 경관 관리에서 가장 중요하게 생각하는 원칙은 '보존'과 '조화'다. 자연환경과 기존의 건축물, 도시 분위기 등을 그대로 보존하고, 개발을 하더라도 기존의 환경과 조화를 잘 고려하는 것이 그들의 기본 철칙이다.

유럽의 도시를 여행하다 보면 오래된 건물들이 참 많다. 파리도 마찬가지다. 그들은 낡았다고 해서 무조건 허물고 현대식 건물을 짓지 않는다. 그들이라고 해서 높은 현대식 새 건물을 짓고 싶은 마음이 왜 없겠는가. 하지만 보존과 조화를 위한 까다로운 규제로 건물 주인이더라도 마음대로 할 수 없는 게 파리의 현실이다. 도시계획 자체가 도시 미관 정비와 동일시된다고 해도 과언이 아닌 것이다.

파리의 중심부에는 역사적 건축물들이 많이 몰려 있다. 예를 들어

개선문에서 바라본 샹젤리제 거리. 1860년에서 1900년까지 변화한 파리의 모습이 지금의 파리 모습과 크게 다르지 않은 것은 새로 건축물을 짓거나 고칠 때 주변 환경과 조화를 잘 고려했기 때문이다.

파리에서 가장 낮은 지대에 세워진 몽파르나스 타워는 주변 건물들과 전혀 조화를 이루지 못하고 돌출 경관을 만들어 내면서 파리시민들의 경각심을 불러일으켰다.

시테섬과 루브르박물관이 있는 1구, 피카소박물관과 파리시 역사박물관이 있는 4구, 소르본대학교가 있는 5구, 에펠탑이 있는 7구, 샹젤리제 거리와 개선문이 있는 8구, 파리 오페라좌가 있는 9구 등에 위치한 건축물은 정부에서 문화재 관리법에 따라서 특별 관리하고 있다. 그래서 그 주변 건축물은 건물주라 해도 마음대로 할 수가 없다.

파리시가 역사적으로 중요한 건축물에 대한 보존 관리를 시작한 것은 1913년 역사적 기념건조물법을 수립하면서부터다. 그러다 1940년대 제2차 세계대전으로 도시 곳곳이 훼손되자 파리시는 복구와 도시계획의 기본 방향을 역사적 건축물의 보전으로 설정한 뒤, 1943년 역사적 건축물 주변 500미터를 보존 구역으로 지정 관리했다. 그리고 더 나아가 1946년 건축물 및 주변 환경 보존에 필요한 전문건축가ABF를 선발하여 개별적인 건축물뿐 아니라 경관까지 보존하는 기틀을 마련했다.

파리에서는 건축물뿐만 아니라 마음대로 간판을 걸 수 없다. 1979년 광고물 및 간판 관련 법률이 제정된 이후 간판을 걸 때 이 조례를 따라야 하기 때문이다. 조례에 따르면 돌출식 수직 간판은 상점을 운영하는 사업자와 지상 층에 위치한 사업자만 설치할 수 있는데, 이때 간판 높이는 외벽의 높이를 초과할 수 없고 폭도 거리 폭의 10분의 1을 초과할 수 없다. 이 외에도 간판이나 광고판은 설치 위치나 숫자, 규격, 색상, 재질 등을 명시해서 시청의 허가를 받아야 한다. 그 기간이 보통 3~4개월 정도 걸리며 모든 까다로운 절차를 통과한다 해도 지역상인

협회나 지역위원회에서 거부하면 그나마도 설치할 수 없다. 역사적 건축물이 이루는 도시 경관을 간판이 해쳐서는 안 된다는 확고한 정책의 힘이다.

파리가 이렇게 경관을 지키기 위해 불편함을 감수하고 원칙을 고집하는 이유는 단 하나, 그들이 가진 역사·문화유산에 대한 자부심 때문이다. 오늘날 파리의 모습이 처음으로 만들어진 것은 1860년대 나폴레옹 3세 때였다. 당시 파리는 급속한 산업화로 실업과 빈곤 문제가 심각했고 인구까지 폭증하여 불안하고 어수선한 상황이었다. 환경도 좋지 않아서 길가 곳곳에 오물들이 가득 찬 비위생적인 도시였다. 당시 대통령이던 나폴레옹 3세는 파리를 대대적으로 개조하기로 마음먹고 당시 파리시장이던 오스만 남작에게 명령을 내렸다.

"파리를 유럽 최고의 도시로 건설하시오."

황제의 명령과 함께 파리는 대변신을 시작했다. 기존 건축물을 철거한 뒤, 간선가로를 만들고 그 주변을 7~8층 높이의 건축군이 형성될 수 있도록 대대적인 보수를 통해 중세의 모습을 벗고 현대적인 대도시로 탈바꿈했다. 그렇게 1860년대에서 1900년대까지 새롭게 변화한 파리의 모습이 지금과 크게 다르지 않다고 하니, 적어도 150년 동안 그 모습을 잘 지켜왔다는 뜻이다. 새로 건축물을 짓거나 개·보수할 때 기존의 주변 환경과 조화를 우선시했기 때문에 가능한 일이다. 예를 들어 도로에서 봤을 때 건물 정면은 손대지 않고 나머지 부분만 공사하거나, 기존 건축물의 뼈대는 그대로 살려 두고 새로 고치는 식이다. 그들이 이런 방식을 고집하는 이유는 간단하다. 함부로 훼손할 경우, 그것이 역사적으로 큰 과오가 될 수 있다는 생각이 시민들의 머릿속에 자리하기 때문이다.

## 지속 가능한 도시를 위한 경관 관리

파리는 유럽의 도시 중 인구 밀도가 가장 높은 도시다. 그럼에도 파리는 '수평도시'를 지향하며 저층 경관을 형성하고 있다. 유네스코에서 수평도시를 권장하고 있는 파리에는 '절대 높이'가 있다.

파리시가 본격적으로 높이 관리를 하게 된 때는 1973년 200미터가 넘는 59층 높이의 몽파르나스 타워를 짓고 나서부터다. 파리에서 가장 낮은 지대에 세워진 몽파르나스 타워는 주변 건물들과 전혀 조화를 이루지 못하고 돌출 경관을 형성해 사람들로 하여금 더 이상 파리에 고층 건물을 지어서는 안 되겠다는 경각심을 불러일으켰다. 그 뒤 파리시는 각 지역의 기능과 용도를 고려해 건축물 높이를 37미터(약 12층)가 넘지 않도록 규제하고 있다.

파리는 대부분 건축물의 보존과 높이 규제를 엄격하게 관리하지만 보존할 곳은 보존하고 개발할 곳은 확실히 개발한다. 현대식 초고층 건물이 밀집한 라데팡스 지역은 행정구역상 파리시가 아니고, 최근 180미터 높이의 초고층 건물을 지을 수 있는 파리시 동남부 경계부의

파리는 대부분 건축물의 보존과 높이를 엄격하게 관리하지만 보존할 곳은 보존하고 개발할 곳은 개발하는 방식으로 도시 경관을 관리한다.

13구 마세나 브륀소 지역은 대규모 철로 복개 도시재생사업과 연계된 특수한 사례이다.

2000년대 들어서는 지속 가능한 발전을 목표로 도시 재생 연대법SRU을 제정하여 파리시 지역계획Plan Local d'Urbanisme에서 도시 미화와 경관 조성에 대한 원칙을 적용하였다. 파리시 지역계획에서는 건축물의 배치와 건폐율, 최대 높이와 외관, 그리고 건축물 주변 경관과 조경, 용적률 등 세부적인 규정을 마련하였다.

1970년 이후 저층 건물 중심이던 파리에서 얼마 전, 초고층 건물을 건축하려는 시도가 있었다. 180미터에 달하는 42층 높이의 트라이앵글 타워를 세우려 한 것이다. 이 사업은 안 이달고Anne Hidalgo 파리시장이 강력하게 추진하는 사업이었다. 그는 초고층 타워 건축으로 고급 주거 공간과 사무 공간, 레저용 시설 등을 확보할 수 있어 경제적 가치가 크다고 주장했지만 시민들의 심한 반대에 부딪혔다. 실제 조사한 바에 따르면 파리시민 62퍼센트가 초고층 건물 신축을 반대한다는 입장이었다. 첫 번째 투표를 시장이 무효화하고 재투표를 진행했지만, 반대 의견이 우세하여 결국 부결됐다. 정부와 시민들이 지닌 역사·문화 도시에 대한 자부심, 그리고 그 도시를 보존하고 조화롭게 개발하려는 시민 의식과 노력이 오늘날의 파리를 만든 원천이다.

2

# 품격의 도시, 런던

"뭔가 달라졌다면 그건 영국식이 아니다. 달라지지 않아야 영국식이다"라는 이런 말이 있을 정도로 영국은 전통을 중요하게 생각한다. 물론 결정적인 순간에는 변화를 수용하고 위기에 대처하지만 전통에 대한 영국인들의 사랑이 대단한 것만은 사실이다. 그래서 영국 격언에 이런 말도 있다.

"새로운 현명한 일을 하느니 옛날부터 해오던 바보짓이 낫다."

이처럼 변화보다는 옛것을 좋아하는 민족성은 그들의 생활 곳곳에서 나타난다. 오래전 영국전화국은 공중전화 부스를 좀 더 세련된 색으로 바꾸려고 했다. 그러나 시민들의 심한 반대에 부딪혀서 지금까지도 빨간색 전화 부스를 사용하고 있다. 그때 그들이 반대한 이유는 단순했다.

"공중전화 부스는 원래 빨간색이니까!"

특히 런던 시내에는 조지아 시대부터 에드워즈 시대에 이르는 다양한 양식의 건축물이 제각기 다른 개성을 드러내며 런던 특유의 분위기를 만들어 낸다. 예를 들어 1694년 설립되어 '슬레드니들가街의 노부인'이라는 애칭이 붙은 잉글랜드 은행이나 시청사에 해당하는 길드홀은 최고最古 부분이 550년, 최신 부분도 100년의 역사를 지니고 있다. 또한 런던은 과거의 모습을 그대로 간직한 아름다운 성당부터 고전 건축양식으로 지어진 국회의사당, 기존의 외관은 유지하되 새로운 구조로 탈바꿈한 미술관까지 함께 어우러져 있는 모습을 볼 수 있다. 1982년 유네스코 세계문화유산으로 지정된 웨스트민스터 대성당은 13세기에 지어진 고딕 양식을 대표하는 건축물이다.

런던 시내는 아직도 빅토리아 시대의 길과 건물이 그대로 남아 있어 그 시절에 머무는 듯한 착각을 불러일으킨다. 마차가 다니던 길에 자동차가 달리고 사람들이 바뀌었을 뿐, 오래된 건축물을 옛날 모습 그대로 보수하여 사용하고 있다.

런던의 건축물은 대체로 5층 정도의 높이인데 0층(우리나라의 1층)은 상가이고, 그 위는 사람들이 사는 주상 복합형 건물이 많다. 도로는 돌로 되어 있어서 하이힐을 신으면 구두 굽이 금세 엉망이 되어 버린다. 그러나 돌길은 자동차의 주행으로 야기될 수 있는 건물의 충격을 흡

웨스트민스트 브리지의 과거. 런던 시내는 아직도 빅토리아 시대의 길과 건물이 그대로 남아 있어 그 시절에 잠시 머문 듯한 느낌을 불러일으킨다. 마차가 다니던 길에 자동차가 달리고 사람들이 바뀌었을 뿐 오래된 건축물은 옛 모습 그대로다.

수하고, 빗물을 확보하는 효과가 있다.

런던은 유난히 길이 좁다. 도로가 좁다 보니 교통 체증이 심하지만 런던시민은 전통을 유지하기 위해 불편을 감수한다. 또한 건물이 낙후되어 조금 불편하더라도 건물을 함부로 허물 수 없도록 법으로 규제하고 있다. 그래서일까? 영국 사람들은 오래전부터 집을 한 채 짓더라도 몇 백 년 이상 살 수 있도록 견고히 짓는다.

## 도시 경관이 곧 런던의 경쟁력

런던의 경관 관리는 역사적 건축물 보존을 중심으로 이루어져 왔으며, 그 중심에는 세인트폴 대성당이 있다. 런던은 1666년 닷새 동안 계속된 대화재로 도시의 약 80퍼센트가 소실되었다. 세인트폴 대성당 역시 당시 화재로 많은 부분이 소실되었는데, 1710년대에 높이 111미터(약 36층) 규모로 당시 런던에서 가장 높은 건축물로 재건되었다. 그러다 1873년 '퀸 앤즈 맨션Queen Anne's Mansion'이라는 주거용 건축물이 높이 43미터(약 14층)로 건축되었는데, 이 건축물은 버킹엄 궁전에서 의회 건물까지 도시 경관을 가렸다.

당시만 해도 런던에는 건축물의 높이 규제가 없었다. 그러나 이 건축물을 계기로 런던시는 1938년 건축물의 높이를 24미터(약 8층)까지로 제한하는 것을 런던의 건축법 및 조례에 포함하였다. 이로써 런던

은 세인트폴 대성당을 시내 어디서든 볼 수 있도록 성당을 중심으로 주변 건축물 높이를 규제하는 조망 관리를 시작하게 되었다.

1988년 런던계획 자문위원회에서 고층 건축물이 경관에 미치는 영향을 고려한 높이 규제를 내놓았다. 이때는 런던타워가 세계문화유산으로 등재되면서 런던시가 경관 보호, 문화유산 보호와 개발 논리에 대해 본격적으로 논의하기 시작한 시기이기도 하다. 그 뒤 1991년 런던의 10개 조망점을 보호하기 위한 지역계획의 가이드라인을 수립하여, 세인트폴 대성당과 웨스트민스터 사원 주변의 경관 보호를 위한 구체적 범위를 설정하였다.

그러나 런던시는 아름다운 경관을 가꾸기 위해 높이만 규제한 것이 아니다. 1976년 런던개발계획의 일환으로 진행된 카나리 워프 지역의 개발계획이 그 증거다. '도크랜드'로 잘 알려진 이 지역은 런던 동쪽에 위치한 과거 런던의 중심 항구였다. 하지만 내륙 지역의 얕은 수심으로 인해 대형 선박의 입항이 어려워지면서 항구 기능이 쇠퇴하고, 그 영향으로 인구가 감소되고 도시 환경이 노후화되면서 도심공동화 현상이 발생했다.

이러한 문제를 극복하고자 런던시는 1981년 런던도크랜드개발공사LDDC를 설립하여 주요 업무 시설과 주거 단지 등을 짓는 개발계획을 착수하였다. 개발이 진행되면서 183미터(약 60층) 이상의 고층 건축물들이 들어서기 시작했다. 그런데 각 건축물마다 디자인적인 요소를 고려하고, 최대한 주변 경관과 조화를 이루기 위해 노력한 덕분일

타워 브리지에서 바라본 런던시 신청사. 영국의 국민 건축가 노먼 포스터가 설계한 초현대적인 디자인의 런던 시청은 고풍스러운 멋을 지닌 타워 브리지와 런던탑과 대비를 이루며 런던의 새로운 랜드마크로 자리매김하고 있다.

까? 도크랜드 개발계획은 낙후 지역 개발의 성공 사례로 평가를 받고 있다.

런던 경관 관리에 있어 또 하나의 변수는 인구였다. 런던은 현재 1년에 인구가 10만 명씩 증가할 정도로 도시가 확장되고 있다. 인구 변화가 큰 만큼 도시계획이 필요했던 런던시는 2007년 광역 차원의 공간 전략인 '런던플랜'을 세워 고층 건물과 조망 관리에 대한 지침을 마련했다.

런던 도심에서 고층 건물이라 하면 75미터 이상의 건축물을 말하지만 조망보호지역 주변은 50미터(약 13~17층) 이상으로 별도 관리한다. 런던은 가이던스Guidance on tall building에서 건물의 평가 방식과 범위를 포괄적으로 제시하고 고층 건물의 적합성을 판단하고 있는데, 시 전체를 고층 건물이 허용되지 않는 '불가능 지역', 제한적으로 고층 건물이 허가되는 '민감 지역', 고층 건물이 허용되는 '가능 지역'으로 나누고 자치구와 시가 협의해 지역단위 개발계획을 세우도록 하고 있다. 역사와 문화자산 중심으로 경관을 보호하기 위해서다.

런던 도심의 경우, 불가능 지역에 해당하는 강변은 20미터 이하로 건물을 지을 수 있으며, 세인트폴 대성당 주변과 런던타워 등 13개 조망보호지역 주변은 30~40미터로 높이를 제한한다. 불가능 지역과 닿아 있는 민감 지역은 75~100미터 안팎으로 여러 심의를 거쳐 제한적으로 고층 건물을 짓도록 하고 있다.

이처럼 런던은 도시 경관이 도시의 경쟁력이라는 인식 아래 중심지

런던의 건물 높이는 세인트폴 대성당이 기준이 된다. 런던시는 세인트폴 대성당을 시내 어디서든 볼 수 있도록 성당을 중심으로 건축물 높이를 규제하고 있다.

와 주거지의 밀도, 경관 등을 차등 관리하고 있다. 전통을 소중히 여기고 잘 관리해 후대에까지 런던의 아름다움을 물려주고자 하는 책임 있는 시민 의식이 이러한 정책을 뒷받침하고 있다. 런던의 전 시장인 보리스 존슨이 고층 건물을 건설하기 위해 주도적으로 움직였으나, 많은 시민들의 반대에 부딪혀 실패한 것도 한 사례다. 찰스 왕세자도 가급적 저층을 육성하자는 입장으로 런던의 오래된 중층 주택을 복원하고, 저렴한 저층 주택을 공급함으로써 더 많은 사람들이 집을 소유할 수 있도록 하고 있다.

3

# 화려한 도시, 샌프란시스코와 뉴욕

미국 서부의 항구 도시인 샌프란시스코는 사막 위에 건설된 도시이다. 황량한 모래언덕에 길이 놓이고 아름다운 주거지가 만들어지기까지 많은 노력이 있었다. 그 결과 언덕 위의 건물과 거리, 그리고 해안가의 전경이 만들어 내는 독특한 도시 경관을 자랑하게 되었다.

샌프란시스코의 도시 개발 대원칙은 오르막과 내리막이 심한 구릉지 특성을 잘 살리는 것이다. 구릉지 정상으로 갈수록 건축물의 높이가 높아지고 건폐율이 낮은 반면, 바다 쪽으로 갈수록 점점 낮아지는 방식이다. 이러한 내용은 샌프란시스코종합계획의 일부인 도시설계 부분에서 도시 패턴, 보존, 주요 개발, 근린 환경, 향후 전망 등의 내용

제한된 토지를 효율적으로 이용하기 위해서는 중심지는 고밀 고층화를 추구하고, 주변의 근린상업 지역과 주거 지역은 중·저밀도 형태로 도시의 경관을 관리해야 한다.

을 중심으로 도시계획의 원칙과 가이드라인을 명시하고 있다. 특히 도시 패턴은 건축물의 높이에서 가장 큰 영향을 받는다고 규정하였다. 이에 샌프란시스코는 건축물의 높이와 관련하여 1927년 미국에서 가장 포괄적인 높이 규제 제도를 수립하고 1990년에 채택한 도시설계의 기본 원칙을 중심으로 보다 구체적인 가이드라인을 마련해 나갔다.

샌프란시스코는 도시 경관과 관련하여 다음 몇 가지 원칙을 지킨다.* 먼저 도시 경관에서 건물 규모나 형태가 도시 이미지와 성격에 부합해야 한다. 특히 구릉지 정상부는 고층 건물을 지어 구릉지 형태와 조망을 강조하고, 구릉지 경사면은 소규모 저층 건물로 전망을 차단하지 않도록 한다. 또한 독특한 도시 경관을 만들어 내기 위해 랜드마크가 되는 건물은 세심하게 색채에 신경 쓴다.

좀 더 세부적인 가이드라인을 살펴보면 신규 건물은 크기, 형태, 높이, 비율 등에서 오래된 주변 건물과 조화를 이루어야 한다고 명시되어 있다. 또한 과도한 색채와 형태를 지양하고, 중요 장소의 건물은 구체적인 디자인을 마련하여 접근해야 한다. 아울러 건축물 설계 시 공공 공간과 외부 공간을 고려하는 동시에 과도하게 큰 건축물을 짓지 않도록 한다. 이 밖에도 건축물 높이 계획과 건축물 용적 계획, 이를 종합한 도시 조닝도를 마련하여 도시 경관과 건축물 높이를 종합적으로 관리하고 있다.

---

* 이상민 · 서남희, 2010, 경관향상을 위한 도시특성별 건축물 높이 관리 방안 연구, 건축도시공간연구소.

## 기능을 확실히 구분한 경관 관리

미국 최대의 도시인 뉴욕은 건물 높이를 규제한 지 100년이 넘었다. 20세기 들어 맨해튼에 고층 건물이 우후죽순처럼 들어서자, 1916년 용도지구 조례를 만들어 땅의 용도에 맞게 건축물의 높이 등을 제한한 것이 시작이었다. 이후 1961년부터는 주거 지역, 상업 지역, 공업 지역으로 나뉘어 각 지역의 용도에 따라 건축물의 최대 용적률을 제한하는 방법으로 건축물의 높이를 관리를 하고 있다.

도시의 마천루는 건물의 높고 낮음이 조화로울 때 비로소 훌륭한 경관이 된다. 즉 도시 경관에도 선택과 집중이 필요하다. 초고층 건물이 즐비한 맨해튼은 백화점, 오피스, 호텔 등 다양한 용도가 복합되어 있는 명실상부 뉴욕 최고의 중심지이다. 그러나 조금 더 넓은 차원에서 보면 주변 지역과 확연한 차이가 있음을 알 수 있다. 서로 기능이 다른 것이다. 토지를 효율적으로 이용하기 위해 중심지는 고밀 고층화를 추구하는 반면, 주변의 근린상업 지역과 주거 지역은 중·저밀도 형태를 띠고 있다. 예를 들어 맨해튼 지역은 상업용 고층 건물을 허용하지만, 북쪽 브롱크스 주거 지역은 공동주택의 높이를 최고 14층 안팎으로 제한한다.

이처럼 각 지역의 특성에 따라 높이와 개발밀도 측면에서 선택과 집중을 확실하게 하고 있다. 만약 아무런 체계나 계획 없이 중구난방으로 고층 건물을 지었다면, 뉴욕은 지금처럼 세계적 도시로서 위상을

맨해튼은 백화점, 사무실, 호텔 등의 초고층 건물들이 즐비한 뉴욕 최고의 중심지이다.
뉴욕은 각 지역별로 높이와 개발밀도 측면에서 선택과 집중을 확실하게 하고 있다.

누릴 수 없었을 것이다.

이 외에도 미국의 수도인 워싱턴 D.C.는 1894년 약 50미터의 카이로 아파트를 지은 뒤, 1899년부터 건축물 높이제한법을 만들어 지속적으로 건축물 높이를 규제했다. 한동안 새로 건물을 지을 때 국회의사당의 높이인 88미터보다 높게 짓지 않은 것이 워싱턴 시내에서 암묵적인 규칙이었다. 1910년부터 건축물 높이제한법을 개정해서 건물 높이를 인접가로 폭에서 6.1미터 더한 높이 이상으로 짓지 못하도록 제한했다.

2013년에 이르러서 워싱턴시는 부동산 컨설팅 전문가들과 함께 기존보다 높은 건물을 지었을 경우 몇 층까지 비용대비 효율성이 좋은지 경제적 타당성을 조사했다. 그 결과 약 60미터까지가 가장 효용성이 있고, 76.2미터를 넘으면 건설 비용이나 노후화 등으로 효율성이 감소한다는 사실을 알아 냈다. 그 뒤 워싱턴시는 높이제한법을 개정하여 가로변과 건축물의 비율을 1대 1로 유지하고, 최상층에 사람이 거주할 수 있도록 펜트하우스의 높이를 약 6미터로 완화했다.

4

# 조화로운 도시, 싱가포르

아시아 도시 중 살기 좋은 도시로 손꼽히는 싱가포르는 중국식 상점가옥, 식민시대 건물, 첨단 고층 건물이 함께 어우러지며 전통과 현대가 조화를 이루는 도시다. 이러한 도시 경관을 바탕으로 싱가포르는 다양한 문화가 공존하는 국제 업무중심지로서 명성을 이어 가고 있다. 또한 동남아시아의 대표적인 관광 명소로 다채로운 랜드마크와 오차드 거리, 마리나베이, 멀라이언, 클락키, 센토사 등을 보기 위해 많은 이들이 찾고 있다.

싱가포르의 현대적이고 국제적인 이미지를 표상하는 싱가포르강과 마리나베이가 속한 중심지는 도시 기반을 다지던 1960~1970년대를

독일 건축가 올레 스히렌이 설계한 싱가포르의 아파트, 인터레이스(Interlace)는 각 단지를 다양한 각도로 엇갈리게 디자인해 아파트 단지를 총 8개의 공원이 있는 푸른 숲으로 만들었다. 2015년 세계건축박람회에서 '올해의 건물'로 선정되기도 했다.

거쳐 1980~2000년대 이르러서는 질적 향상을 도모했다. 그리고 2000년대부터 지속 가능성을 높이고 살기 좋은 도시를 만들기 위해 노력하고 있다.

싱가포르는 우리나라의 도시기본계획과 유사한 콘셉트플랜과 도시관리계획 성격의 마스터플랜, 두 체계로 구성되어 있다. 콘셉트플랜은 계획법에 속하지 않는 비법정계획으로 UN 자문단과 함께 싱가포르의 장기 비전과 정책 방향을 담고 있다. 그리고 마스터플랜은 콘셉트플랜이 수립되기 전인 1958년에 최초로 수립되었으며 5년마다 재정비된다.

마스터플랜은 역사문화 환경을 보존하기 위한 보존 마스터플랜, 개별 필지별 개발유도계획, 도시설계계획으로 구성되어 있다. 또한 건축물 높이 관리에 대한 내용을 포함하고 있다. 싱가포르는 전체 55개 지역의 마스터플랜을 통해 토지이용(용도지역, 세부 용도), 개발밀도(건폐율, 용적률, 높이), 개방 공간, 도로, 기반 시설 등의 계획을 상세하게 다루면서 각 지역에 맞게 차등적으로 높이 규제를 하고 있다. 특히 우리나라와 다른 점은 계획을 수립할 때 지역 상황에 맞게 자율적으로 판단하여 계획을 수립하도록 제도화했다는 것이다. 그래서 싱가포르의 마스터플랜은 각 필지나 블록별로 각기 다른 상세한 계획을 담고 있다.

싱가포르의 중심지는 싱가포르강을 중심으로 남북으로 구분되는데 남쪽의 도심부는 경제, 금융 업무 위주의 초고층 오피스 건축물이 밀

집되어 있다. 싱가포르 하면 떠올리는 대표적인 초고층 건물 경관을 형성하고 있는 지역이다. 건축물 높이 계획에 의하면 이 도심부 지역은 2층에서 50층 이상, 높이는 24미터에서 250미터까지 지을 수 있다. 즉 지역 특성에 따라 개별적으로 높이가 세부적으로 관리되는데, 통상적으로 중심 지역과 주거 지역의 높이는 차등 관리되고 있다.

5

# 오늘, 서울의 경관은?

서울의 경관을 떠올리면 어떤 모습이 가장 먼저 떠오르는가? 저녁 무렵 고층 건물과 한강을 가로지르는 다리에 화려한 조명이 켜지고 자동차들이 줄지어 달리는 서울의 야경은 환상적이다. 하지만 화려한 조명이 꺼지고 맨 얼굴이 드러나면 서울의 경관이 많이 훼손되었음을 이내 알게 된다.

서울은 역사와 자연이 어우러진 도시로 경관자원 자체가 도시의 경쟁력이다. 그럼에도 날이 갈수록 자연 경관이 망가지고 있다. 고층 아파트가 구릉지와 한강변을 가리지 않고 무분별하게 들어서면서 서울의 경관이 훼손되고 다채로움을 잃어버린 것이다. 더불어 조망권의

I'PARK
107
I'PARK
106

사유화를 초래했다.

주택유형통계를 보면 2015년 서울의 전체 주택유형 중 아파트가 차지하는 비율이 약 60퍼센트이다. 아파트가 서울의 대표적인 주거 유형으로 자리 잡고 있는 것이다. 1960년대부터 2000년대까지 서울의 대부분에 아파트와 건물이 들어섰다. 산과 강을 가릴 만큼 높은 아파트가 병풍처럼 세워지기도 하고, 구릉지와 평지에 있던 주택가에 큰 덩치의 고층 아파트가 어색하게 들어서기도 했다.

저층 아파트를 헐고 고층 아파트를 지으면 높이가 높아지는 대신 아파트 사이 공간이 넓어져서 시야가 훨씬 확보되리라 기대했지만 현실은 달랐다. 오히려 빈틈없이 빽빽한 조망으로 사는 사람도 답답하고, 보는 사람도 답답한 상황이 되어 버렸다.

## 경관이라는 무한한 가치

세계적인 관광지로 유명한 그리스의 산토리니는 언덕 위에 오밀조밀 지어진 특유의 파란 지붕과 하얀 외벽의 집들로 유명하다. 3,600여 년 전 화산이 폭발하면서 산토리니 사람들은 동굴을 파서 좁고 긴 일자형 집을 지었다. 그들이 빗물을 받고 집 앞 바다를 내다보던 평평한 베란다가 다른 집 지붕이 되었고, 그렇게 집과 집이 연결되며 수직도시가 탄생했다.

무분별한 개발로 구릉지 고유의 특성을 잃어가는 서울 돈암동 전경.

산토리니의 경관은 어떻게 지금까지 유지될 수 있었을까. 우선 시 당국은 수직도시의 경관을 보전하기 위해 마당의 바닥재와 그늘막 형태까지 권고하고 있다. 예를 들어 "건물의 재료를 그대로 살린 하얀색 회반죽이 바람직하다"라거나, "흰색 페인트로 칠하는 것이 깔끔하다"라는 식이다. 하지만 모두 권고사항일 뿐 강제 규정은 아니다.

정부가 이런 식으로 관리를 시작한 때는 산토리니에 관광객이 크게 늘어나면서부터다. 특히 건축협의회에서 새로 건물을 지을 때 건축물의 색깔부터 창문 크기까지 체크하며 강력하게 권고한다. 바다를 향한 곳은 더 철저해서 경관을 감상하는 데 방해가 되지 않도록 어떤 건물도 7미터(약 2층)를 넘게 지을 수 없다. 설사 이 높이가 안 되더라도 뒤쪽 건물에서 바다를 바라볼 수 없게 조망을 가리면 건축이 허용되지 않는다.

중앙 정부도 산토리니 내에 맥도널드와 같은 프랜차이즈 업체나 대형 호텔 체인이 들어서는 것을 규제하고 있다. 산토리니 특유의 매력인 골목마다 오밀조밀하게 들어선 작은 상점과 작은 호텔을 지키려는 노력의 일환이다. 이처럼 도시의 정체성과 경관을 지키려는 정부와 시 당국, 그리고 시민들의 노력으로 1930년대 형성된 산토리니의 모습은 지금까지도 거의 그대로 남아 있다. 그 결과 산토리니를 찾는 관광객이 2012년 169만 1,027명에서 2015년 235만 9,727명으로 3년 만에 67만 명 정도 늘었다.

물론 정부가 시시콜콜하게 관리하는 것이 꼭 좋은 것만도 아니고,

언덕 위에 오밀조밀 지어진 파란 지붕과 하얀 외벽 건물이 푸른 바다와 어우러져 멋진 풍경을 빚어내는 섬, 그리스 산토리니.

우리나라도 그래야 한다는 것도 아니다. 다만 산토리니 사람들이 좋은 경관을 지키고 관리하기 위해 노력한 덕분에 산토리니가 세계적으로 유명한 마음을 빼앗는 관광지가 되었다는 사실을 기억해야 한다. 산토리니는 경관이 돈으로 환산할 수 없는 무한한 가치를 지닌다는 사실을 증명했다.

## 우리가 잃어 가는 것

우리에게도 산토리니 못지않은 풍경을 만들 수 있는 기회가 있었다. 서울은 구릉지와 언덕이 행정구역 면적의 3분의 1을 차지할 만큼 다채로운 지형이기 때문이다. 그러나 1980년대 이후 주택재개발 사업이 무서운 속도로 진행되면서 구릉지마다 아파트가 들어섰다. 하지만 구릉지의 지형과 녹지, 경관을 보호하기 위한 장치가 미흡한 상황이다 보니 구릉지는 날이 갈수록 훼손되었다.

그중에서도 한강변 주변의 옥수동 일대와 신림동, 흑석동, 보광동 등이 이런 문제로 몸살을 앓고 있다. 특히 보광동은 개발 전 언덕 위 자연 지형을 따라 올망졸망 작은 건물들이 자연스러운 구릉지 경관을 연출했으나 대규모 아파트 단지가 들어서면서 구릉지 경관이 크게 바뀌었다. 크고 덩치 큰 아파트가 들어서자, 아파트 뒤편에 자리한 집들은 경관은 고사하고 일조량도 줄어들게 되었다. 멀리서 보기에도 참

구릉지와 언덕이 만들어 내는 다채로운 풍경을 하나둘 잠식하면서 들어선 고층 아파트로 인해 보광동의 자연스러운 구릉지 경관은 크게 바뀌었다.

대규모 아파트 단지가 들어설 때마다 산은 몸살을 앓아야 했다. 고층 아파트가 산등성이를 덮어 버리면서 구릉지 특유의 경관이 사라지고, 주변의 낮은 건물과도 조화가 깨졌다.

으로 답답하고, 한편으로는 슬픈 경관이 아닐 수 없다.

서울 곳곳은 이처럼 구릉지들이 올망졸망하게 솟아 있다. 그리고 이곳에는 가난한 서민들이 판자촌을 이루고 사는 경우가 많았다. 주택 문제를 해결하고 도시 미관을 위해서 개발이 불가피하긴 하지만, 핵심은 어떤 형태의 주택을 짓느냐는 것이다. 사실 구릉지에는 단독주택이나 다세대주택 같은 작은 규모의 주택이 가장 잘 어울린다. 지형의 특수성을 훼손하지 않고 지을 수 있기 때문이다. 그러나 재개발사업은 수익 구조를 맞출 수밖에 없고, 그것을 충족할 만한 용적을 채워야 하기 때문에 결국 고층 아파트를 지을 수밖에 없는 구조적인 문제가 있다.

그러다 보니 구릉지나 산자락에 자리 잡은 달동네를 개발할 때마다 산은 몸살을 앓아야 했다. 대규모로 들어선 아파트들은 산등성이를 덮어 버렸다. 응봉동 일대는 이미 재개발 아파트들로 구릉지 경관이 다 망가졌고, 봉천동과 신림동 일대도 마찬가지다. 도심과 가까운 인왕산과 안산의 구릉지에도 이미 아파트들이 들어섰다.

건설사들이 "헌 집 다오, 새 집 줄게"라고 노래하며 헌 집을 받아서 새 아파트를 만들어 내는 동안, 자연은 점점 제 모습을 잃었다. 또한 돈이 없어 새 집에 들어가지 못하고 삶의 터전에서 밀려난 사람들의 설움도 깊어 갔다.

구릉지만큼이나 서울이 자랑할 만한 자연 경관으로 한강이 있다. 한강은 서울의 행정구역 경계에서 길이 약 40킬로미터에 강폭은 1~2킬로미터로 규모 면에서 엄청난 위용을 자랑한다. 파리의 센강, 런던의 템스강도 한강 앞에서는 왜소한 편이다. 그러나 세계적으로 손꼽힐 한만 한강의 경관을 제대로 관리하고 있는지는 의문이다.

1994년 서울연구원의 조사에 따르면 당시 한강연접지역에서 주거지역이 차지하는 비율이 73.4퍼센트로 가장 많았다. 그중 아파트 단지가 총 166개(1,364개동)였으며, 층수는 3층에서 30층까지, 용적률도 70퍼센트에서 400퍼센트까지 다양했다. 이 중에서 특히 한강 가까이에 있는 인접 단지는 총 61개였다. 한강변의 3분의 1이 아파트 단지인 것이다.

사정이 이렇다 보니 한강의 경관은 아파트로 채워질 수밖에 없었다. 한강변 아파트를 살펴본 결과 건물 크기와 형태가 주변과 조화를 이루지 못하거나 조망을 홀로 독차지하면서 시야를 가로막는 점이 문제점으로 지적되었다. 또한 이촌동 신동아 아파트처럼 똑같은 높이와 폭의 건물이 늘어서 있어서 지루하고 단조로워 보인다는 지적도 있었다.

6

# 경관의 가치를 아는 것

훌륭한 경관을 가진 외국 도시의 비결은 무엇일까? 그들은 우리와 무엇이 다른 걸까? 가장 큰 차이점은 좋은 경관을 자랑하는 도시일수록 정부와 지자체, 그리고 시민 모두가 도시의 고유성과 전통을 보존하고자 하는 마음이 크다는 점이다. 그리고 그 마음은 경관법에 고스란히 드러난다. 경관법은 경관을 체계적으로 관리하기 위해 생겨난 법이다. 도시 경관은 도시의 경쟁력이나 위상과 연결되어 있기 때문에 이미 많은 도시들이 경관법을 수립하고 실행하며 차별화된 경관을 만들어 나가고 있다.

외국의 아름다운 도시들은 경관법에 대한 위상도 높다. 개발법과 경관법의 위상이 다르지 않으므로 개발과 경관 보전 간의 조화가 가능하다. 도시 경관에 대해 지자체가 실질적인 규제를 하도록 경관법에서 명시하며, 규제도 강력하다. 예를 들어 일본은 경관법이 하위 계획과 세부 제도의 지침이 되어 각 적용 대상의 책임과 의무를 확실하게 명시하고 있다. 외국의 다른 도시들도 도시계획법과 경관법의 위계가 다르지 않다. 경관법의 하위계획이나 하위법은 경관 보전을 위한 규제 성격이 강하며, 과거보다 규제와 허가 기준이 견고하고 강해진 추세다.

프랑스에서는 규제 범위를 사적 재산 범위까지 적용하고 있다. 사적 권리보다 공공성을 더 중요시하는 것이다. 영국도 경관을 고려해 개발계획을 수립하며, 경관 훼손의 우려가 있는 개발계획은 심의를 거쳐 허가를 받아야 하는데 심의 기준이 대체로 강화되는 편이다. 독일에서는 개발과 보전의 조화가 적절히 이루어지도록 개발과 보전에 관한 조례를 설정해서 집행하고 있으며, 이탈리아는 도시계획법과 경관법에 의해 각각의 계획이 별도로 세워지지만 두 계획의 위상과 효력은 같다.

미국과 유럽 등 선진국들은 이미 1970년대 후반부터 고속도로, 댐, 고압송전선 등이 만들어지면서 경관이 훼손될 것을 대비해 국토경관 관리를 본격적으로 시작했다. 이에 비해 우리나라의 경관 관리는 30년 이상 늦었지만 이제라도 시작할 수 있는 것이 다행이다.

1970년대 전후 재개발 열풍이 일어나면서 7~8층 건물이 대부분인 파리 도심지 몽파르나스역에 초고층 건축물이 세워졌다. 그때서야 파리시민들은 초고층 건축물이 파리의 경관 특성에 맞지 않음을 깨달았다. 그 뒤 파리시와 시민들은 파리 도심지의 건축물을 기존처럼 7~8층 높이로 제한하는 데 합의했고, 그 결과 개성 있고 아름다운 도시 경관을 지켜 낼 수 있었다.

경관은 우리가 매일 마시는 공기처럼 우리의 일상과 밀접하게 연결되어 있다. 공기의 소중함을 모르다가 공기가 오염되고 난 뒤에야 그 중요성을 인식하듯이, 경관도 훼손된 뒤에야 후회하는 경우가 대부분이다. 아름다운 경관 도시 파리의 뼈아픈 시행착오를 우리는 타산지석으로 삼아야 한다.

# 보니파시오를 걸으며 서울을 떠올리다

권기봉(작가, 서울시 미래유산보존위원회 위원)

보나파르트 나폴레옹의 고향이자 대항해가 크리스토퍼 콜럼버스가 태어난 곳으로 알려진 곳이 있다. 프랑스 니스에서 남동쪽으로 170여 킬로미터 떨어진 곳에 자리한 프랑스령 섬 '코르시카'다.

주요국 사이를 잇는 바닷길의 한복판이라는 지정학적 위치 때문이었을까? 코르시카는 이탈리아 통일 전의 도시국가였던 제노바와 피사, 그리고 지금의 스페인 동북부에 있던 아라곤왕국 등의 거듭되는 침략과 통치를 받아야만 했다. 좋든 싫든 그러한 과정 속에서 평화적인 교류와 폭력적인 교류가 불규칙적으로 반복되었고, 그 결과가 코르시카의 여러 문화 속에 고스란히 녹아 있다.

일례로 1768년 이래 프랑스 영토에 귀속되어 오늘에 이르고 있지만 지명을 프랑스식 명칭 '꼭스Corse' 외에 이탈리아어에서 파생한 코르시카어로 '코르시카Corsica'라 부르는 이들이 많고, 공식적으로도 두 표현을 모두 사용하는 이유도 거기에 있다.

또 외침이 잦다 보니 도시들이 대부분 요새처럼 자리 잡고 있다. 그

중에서도 섬 남단에 위치한 '절벽 도시' 보니파시오Bonifacio가 대표적이다. 이탈리아령 섬인 사르데냐를 바라보는 바닷가, 그것도 70미터나 되는 수직 절벽 위에 자리 잡은 보니파시오는 그 자체가 요새 중 요새다. 중세시대의 위압적인 성벽은 물론 제2차 세계대전 당시 사용된 참호와 포대 등도 그대로 남아 있다. 지난 1963년 이후 주둔을 시작한 프랑스의 외인부대와 함께 늘 유럽 역사의 최전선에 있어 온 코르시카의 과거를 웅변하는 역사 현장이다.

## 풍경을 살리는 높이 vs 풍경을 가리는 높이

그런 보니파시오가 유독 남다르게 느껴지는 데는 그리 오랜 시간이 걸리지 않았다. 어디를 둘러봐도 고층 건물이 눈에 띄지 않았다. 코르시카의 주도인 아작시오Ajaccio나 옛 주도 코르테Corte만 하더라도 10층 이상 되는 건물들이 여럿이지만 보니파시오에서는, 특히 성벽 안 구도심에서는 6층 이상의 건물을 찾아보려야 볼 수 없었다.

또한 골목에서는 어느 곳에서든 하늘이 보였으며, 직선 골목에서는 반대편 풍광이 아무런 방해물 없이 올곧게 눈에 들어왔다. 그러다 보니 나폴레옹이 장교 시절 머물던 빌라에서 바라다보이는 보니파시오의 전경과 지중해 풍경은 아주 깊은 인상으로 남을 수밖에 없다.

그런데 이는 당연히 그렇게 관리되어 온 것은 아니었다. 공공재로서

프랑스령 섬 코르시카의 남단에 위치한 보니파시오. 70미터가 되는 수직 절벽 위에 자리 잡은 보니파시오는 그 자체가 요새 중 요새다.

의 도시 경관을 공유하기 위한 사회적 의지에 따른 산물이었다. 18세기 말 건축물의 고도를 제한하기 시작한 이래 1960년대 초 역사문화적 지구 보전을 위한 개념을 도입하며 정부가 적극적으로 개입한 결과다. 비단 프랑스만의 상황이 아니라 이탈리아를 비롯하여 영국과 네덜란드, 스페인 등 적잖은 유럽 국가들이 비슷하다.

반면 한국의 사정은 판이하다. 수도 서울이라고 해서 나은 점이 있는가 하면 그렇지도 않다. 조선시대와 일제강점기 그리고 해방 이후 오늘에 이르기까지 서울에서 단위 면적당 가장 많은 역사문화적 현장이 남아 있는 서울의 구도심은 북쪽의 백악산을 중심으로 동남쪽의 낙산과 남쪽의 남산, 서쪽의 인왕산 등으로 둘러싸여 있다. 그래서 건물과 건물 사이에 통경과 통풍을 위한 간격이 적절하게 마련되지 않으면 시선이 답답하게 막혀 버린다. 절벽 위에 자리한 보니파시오에서는 그나마 건물로 앞이 막힌다 해도 위가 뚫려 하늘이라도 볼 수 있다지만, 사방이 산으로 둘러싸인 서울에서는 통경축과 통풍축의 결여가 치명적일 수밖에 없다. 높아야 2층이나 통층 정도의 건축물로 대표되는 조선 왕궁 주변은 더더욱 그러하다.

시선의 높이가 다르면 경관도 다르게 다가올까? 당장 시민들 사이에 훌륭한 뷰 포인트로 일컬어지는 서울시청 서소문별관 13층의 정동전망대에 올라가 봐도 사정은 매한가지다. 정동전망대는 덕수궁의 변화를 사시사철 감상하기에 더없이 훌륭한 곳이다. 하지만 조금만 시선을 돌려도 이내 동화면세점 건물을 위시해서 여러 고층 건물에 가려 백악산과 인왕산, 나아가 경복궁의 전경을 제대로 눈에 담을 수 없다. 백악산과 인왕산이 보이지 않으니 그 능선을 지나는 한양도성의 늠름한 자태가 보일 리 없다. 2015년 말에는 포시즌스호텔까지 들어서면서 처지가 더욱 악화되었다. 정동전망대에서는 그저 덕수궁과 정동 일대의 한적한 모습을 내려다볼 수 있다는 데 만족할 따름이다.

서울 걷기를 즐기는 이들 가운데 또 다른 뷰 포인트로 꼽히는 대한민국역사박물관의 8층 옥상정원은 그나마 형편이 나은 편이라고 해야 할까? 경복궁을 한눈에 내려다볼 수 있고, 그 뒤를 받치고 있는 백악산의 늠름한 자태를 방해물 없이 조망할 수 있으니 말이다. 하지만 지난 1970년 말 정부에 의해 들어선 정부서울청사가 인왕산 자락으로 향한 시선을 막아선 이후 반세기가 다 되어가고 있다.

사대문 안이 이럴진대 다른 곳이라고 해서 나을 리 없다. 한강변을 따라 걷다 보면 남산이든 관악산이든 한눈에 조망할 수 있는 곳이 그다지 많지 않다. 꼭 산이 아니더라도 아파트 단지 사이로 뒤편의 자연경관을 보기가 어렵고, 행여 단지 사이에 틈이 있다 해도 그 뒤에 들어선 건물들이 틈을 메우고 있는지라 '장벽'은 도통 뚫릴 기미가 보이지 않는다. 도시 경관은 결국 갈수록 삭막해져 갈 뿐이다.

개인적으로 코르시카를 포함하여 유럽을 여행할 때 그 도시들이 대단해 보이는 것은 세련된 건축물이나 거대한 박물관 때문이 아니다. 대도시는 대도시대로 밀도를 높일 곳은 높이되 저밀도를 유지해야 할 곳은 저밀도로 관리해 막힌 시선에서 오는 긴장감을 줄이고 보행 환경도 긍정적으로 이끌어 가고 있다는 점이 한 이유다. 또한 지방 도시는 지방 도시대로 시골 마을은 시골 마을대로 역사문화자원이 새 건축물과 조화를 이루면서 그만의 역사성과 아름다움을 간직해 가고 있다는 점이 두 번째 이유다. 도시 경관이 전통 공간과 현대적 삶 사이에서 적절한 조화를 이루며 관리되는 데서 오는 경이로움, 그것이 바로 보니파시오를 비롯한 유럽의 도시들을 대단하게 만든다.

## 시선의 길이 살아나는 서울을 꿈꾸다

과연 서울에서는 불가능한 꿈일까? 여러 이권이 개입되어 있는 데다 고밀도 개발이 곧 돈을 버는 방법이라는 신화가 굳건하게 자리 잡고 있는 상황에서 쉽지만은 않을 것이다. 그러나 우선적으로 건축물의 높이를 제한하고 그 건축물 사이의 간격을 띄움으로써 서울이란 도시를 즐길 수 있는 '시선의 길'을 확보하는 것이, 늦었지만 가장 먼저 접근할 수 있는 방법의 하나가 아닐까. 안타깝게도 2017년 현재도 서울에서는 이른바 '랜드마크'라는 이름으로, 또는 '남과 다른 디자인'이라는 명분으로 정작 주변과 조화를 이루지 못한 채 홀로 튀는 건물들이 비 온 뒤 죽순처럼 올라가고 있다.

그리고 그 과정에서 간과해서는 안 될 것이 있다. 역사문화자원 그 자체도 중요하지만, 그것을 바라볼 수 있는 조망점이 그것을 차지할 수

사시사철 덕수궁의 변화를 감상하기에 더없이 좋은 정동전망대에서 바라본 서울 경관. 곳곳에 들어선 고층 빌딩에 가려 산과 경복궁, 더 나아가 한양도성의 전경을 제대로 눈에 담을 수 없다.

있는 자산가만의 배타적인 전유물이 되어서는 안 된다는 점이다. 서울의 경관은 사시사철 어느 때라도 누구나 접근 가능하고 즐길 수 있는 공공재가 되어야 하기에 건축물의 높이 제한은 일차적 과제다.

물론 단순히 높이만 규제하는 것이 아니라 비록 낮은 건물들이라 할지라도 여러 개별적인 건물들이 중첩되어 시야를 가리지 않도록 좀 더 큰 틀에서 통경축을 확보하기 위한 방안을 고민해야 한다. 나아가 그러한 공간을 실제로 걸어서 살펴볼 수 있도록 보행축을 조성하고 시각장애인과 지체장애인의 접근을 방해하거나 가로막는 비규격 볼라드와 점자 유도블록 등을 손보는 등 적절한 보행 환경도 마련해야 할 것이다.

해외여행을 가면 으레 지도 한 장을 얻어 골목을 걸으며 그들이 살아온 역사를 만나고 오늘의 삶을 접하곤 한다. 서울시민도, 서울을 찾는 국내외 여행자들도 이제 이 도시에서 그 정도의 즐거움은 누려야 할 때가 온 것이 아닐까.

# 3 | 아름다운 규제

# 누구의 것이 아닌 모두의 경관을 위해

서울의 경관을 어떻게 관리하면 좋을까?

경관을 관리하는 데는 두 가지 방법이 있다.

하나는 좋은 경관을 만들기 위해 개발하는 것이고,

다른 하나는 나쁜 경관이 되는 것을 막기 위해 규제하는 것이다.

특히 단독주택지의 재개발을 비롯해

저층 아파트의 재건축과 뉴타운 사업들을 통해

도시 경관이 급속도로 변하고 있는 지금,

모두를 위한 경관 규제가 시급하고 중요하다.

1

# 서울 경관, 어떻게 지킬까?

도시 경관을 보호하기 위한 방법으로 가장 기본적인 규제가 용도지역제, 즉 조닝zoning이다. 조닝은 도시의 공간을 용도와 기능별로 나누어 배치하는 도시계획을 의미한다. 조닝에 의해 도시는 크게 주거 지역, 상업 지역, 공업 지역, 녹지 등의 존zone으로 구분된다. 그리고 각 존마다 허용 용도와 밀도를 정하고, 건물의 높이를 제한한다. 조닝이 중요한 이유는 이 작업을 통해 정해진 토지 안에서 개발 가능한 건물의 용도와 규모가 기본적으로 정해지기 때문이다.

이때 중요한 것이 용적률이다. 우리나라의 모든 토지에는 용적률과 건폐율이 적용된다. 우선 용적률은 대지면적에 대한 건축연면적(건축물의 바닥면적을 모두 합친 면적)의 비율로, 이 용적률에 따라 건물 높이가 결정된다. 용적률이 클수록 건물을 높게 올릴 수 있는 것이다. 건폐율은 대지면적에 대한 건축면적의 비율로 건폐율에 따라 건물 각 층의 바닥면적이 결정되므로 건폐율이 클수록 건물을 넓게 지을 수 있다.

예를 들어 대지 100평 토지에 50평짜리 건물을 짓는다고 해보자. 만약 1층으로 지으면 건폐율과 용적률 모두 50퍼센트다. 그러나 높이를 2층, 3층으로 올리면 건폐율은 같아도 용적률이 각각 100퍼센트, 150퍼센트로 올라간다. 그래서 용적률 규제는 간접적으로 높이 규제를 의미한다. 만약 건폐율이 일정하다면 용적률을 높일수록 높이 규제가 완화되고, 반대로 용적률을 낮추면 높이 규제가 강화되는 효과를 낸다.

건폐율이 20퍼센트인 아파트가 있다고 가정했을 때, 5층 아파트의 용적률은 100퍼센트에 불과하지만, 10층 아파트는 200퍼센트, 20층 아파트는 400퍼센트로 상승한다. 오래된 한강변의 5층 아파트가 재건축되면서 20~30층으로 높아졌을 때, 경관을 비교하면 얼마나 큰 변화가 있었는지 피부로 느낄 수 있다.

경관 변화에 영향을 미치는 주요 요인으로 건물 높이도 한몫하지만 그보다 용적률이 증가하면서 건물 규모가 커지는 것이 더 큰 영향을 미친다. 1960~1970년대 지어진 한강, 잠실, 반포 지역의 아파트 등은 대부분 용적률이 100퍼센트를 넘지 않았다. 그런데 이 아파트들이 20~30층 높이에 용적률 300퍼센트 밀도로 재건축되면서 경관에 엄청난 변화를 가져왔다. 경관 관리에서 건물의 규모를 결정하는 밀도 규제, 특히 용적률 규제가 매우 중요함을 다시 한번 알 수 있다. 건물의 밀도를 조절해 규모가 작은 건물과 큰 건물이 조화를 이루도록 하는 것이 바로 조닝의 역할이다.

하지만 건축주 입장에서는 용적률이 완화될 경우, 그만큼 더 많은 공간을 개발할 수 있고 사업성이 좋아지기 때문에 법이 허용하는 만큼 용적률을 다 채우기를 바랄 것이다. 그리고 이런 건축주의 요구를 건축가가 외면하기는 거의 불가능하다. 높이 규제도 마찬가지다. 높이 규제가 완화되어 더 높이 짓게 되면 좋은 조망을 얻게 되고, 좋은 조망은 곧 돈으로 연결된다. 실제로 강과 산이 보이는 아파트는 그렇지 않은 곳보다 분양가가 훨씬 더 높다.

여기서 수익성과 관련해 짚고 넘어가야 할 중요한 부분이 개발의 주체다. 사실 얼마 전까지 서울의 경관은 민간 개발, 즉 재개발과 재건축이 주도했다. 민간 개발은 철저하게 수익성을 추구한다. 수익성을 보장하는 것은 조망이고, 조망을 확보하기 위해서는 높게 지을 수밖에 없다. 결국 인간의 욕심으로 높은 콘크리트 벽이 곳곳에 세워졌고, 안타깝게도 그 결과 도시 경관이 많이 훼손되었다.

도시 경관의 훼손을 막기 위해 경관은 공공재라는 시민의 인식 전환이 가장 우선시 되어야 한다. 다만 공공성이 필요하다고 해서 무조건 개인의 희생을 요구하는 것은 바람직하지 못하다. 체계적이고 일관성 있는 기준에 의한 공공의 개입이 필요하다. 이를 위해 '경관법'이 만들어졌다.

## 경관법, 이제 막 걸음마를 떼다

우리나라에 경관법이 만들어진 지 올해로 10년이 되었다. 외국 도시들은 도시계획법에 따라 용도지역이나 용도지구를 통해 경관 관리에 대한 규제를 담아내고 있어 경관법을 별도로 두고 있지 않다. 다만 도시관리 법체계가 유사한 일본의 경우 경관법을 별도로 만들고, 미관지구와 경관지구 같은 용도지구, 그리고 경관심의를 통해 경관을 관리하고 있다.

우리나라의 경관법을 심의·운영하는 국토부는 경관법 제정 10주년을 맞아 지난 5월 17일 한국적 경관 가치의 미래상을 정립하는 '대한민국 국토경관헌장'을 제정하고 발표했다.

2007년 제정된 경관법의 목적은 다음과 같다.

"자연경관 및 역사·문화경관을 보전하고 도시와 농어촌의 지역 특성을 고려한 경관을 형성함으로써 아름답고 쾌적하며 지역 특성을 나타내는 국토 환경 및 지역 환경을 조성할 수 있도록 제도적 근거를 마련하려는 것이다."

경관법은 우리나라의 도시 경관이 아무런 특색 없이 그저 아파트로 대표되는 안타까운 현실에서 보다 체계적이고 지속적으로 경관을 관리하기 위해 만들어졌다. 도시 개발보다는 재생과 보존에 가치를 두는 목소리가 높아지면서, 막무가내식 개발을 막기 위한 근거를 마련하고자 한 것이다.

하지만 경관법이 그다지 실효성을 거두지 못하자 경관 관리의 제도적 수단으로 2014년 2월 경관심의를 의무화하였다. 그럼에도 경관법은 도시계획법처럼 강한 규제로 활용되기 어렵다. 경관법은 경관 가이드라인을 가지고 경관심의를 통해 바람직한 경관을 유도하도록 하는 것이 주요 목적이기 때문이다.

경관법이 잘 실현되기 위해서 무엇보다 중요한 것은 시민 의식이다. 경관 관리의 필요성은 모두 인정하지만 내가 사는 아파트가 규제 대상이 될 때는 손해를 본다는 생각에 선뜻 받아들이기가 쉽지 않다. 아직까지는 도시 전체를 생각하는 데 한계가 있고, 자신의 이해관계를 넘어서는 것이 어렵기 때문이다.

우리나라의 경관법은 이제 막 걸음마를 뗀 단계다. 그래서 수십 년에 걸쳐 경관법이 자리 잡은 선진국과 비교할 때 정착하는 데 시간이 필요하다. 그나마 경관보다는 개인의 이득을 앞세워 무조건 사업성에 초점을 맞추던 사회적 분위기에서 이제 경관 관리를 위해 합의된 대원칙이 필요하다는 데 어느 정도 공감대가 형성된 것만으로도 의미 있는 성장이다.

경관 관리의 초점은 자연과 도시가 조화를 이루고, 특히 서울 어디서나 산과 한강을 볼 수 있도록 하는 데 있다. 그러나 당장 한강만 보더라도 한강변의 70퍼센트가 이미 주거 지역으로 지정되었기 때문에 상황이 녹록지 않다. 지금도 한강변이 아파트 병풍으로 둘러 있는데, 앞으로 압구정동과 잠실 지역 재건축이 이루어지면 상황은 더 심각해

질 것이다.

만약 한강에서 마주할 수 있는 풍경이 초고층 아파트라면 어떨까? 파리 센강의 폭은 한강의 5분의 1밖에 안 되지만, 센강에서의 경관은 수평성이 강하게 부각되고 건축물 간의 조화 속에서 독특한 개성이 드러나고 있다. 그런데 센강보다 훨씬 웅장한 한강에서 바라보이는 것이 아파트뿐이라면 그건 너무 안타까운 일이다.

한강의 기적을 이루며 우리나라는 GDP 세계 11위(IMF 2016)로 발돋움했다. 그런데 우리의 경관은 어떠한가? 현재 서울은 도시계획의 가장 기본적인 규제인 용적률과 건폐율이 한계치에 다다랐다. 그렇다고 서울 전역에 적용되는 용도지역의 건폐율과 용적률을 한꺼번에 조정할 수도 없다. 바람직한 경관 관리에 기본 원칙을 가지고 경관 관리가 보다 중요한 지역부터 한 걸음씩 나아가야 한다.

2

# 모두를 위한 규제

서울은 역사와 자연이 잘 어우러진 도시로, 경관 자원 자체가 도시의 정체성이자 경쟁력이다. 모두가 함께 공유해야 하는 공공 자산인 것이다. 그런데 구릉지와 한강변을 가리지 않고 고층 아파트가 우후죽순 들어서면서 도시 경관의 정체성과 경쟁력은 크게 훼손되고 공공성은 무너졌다. 마치 놀이공원에서 퍼레이드를 구경하려고 서 있는데, 갑자기 키 큰 사람들이 앞을 가로막아 아무것도 보지 못하는 상황과 같다. 서울의 정체성과 경쟁력, 그리고 공공성을 회복하기 위해 시행착오와 오랜 논의 끝에 나온 해법이 바로 '높이 제한'이다.

높이 제한은 새로 건축하는 건물이 중요 조망을 막아서지 못하게 높

도시의 마천루는 건물의 높고 낮음이 조화로울 때 비로소 훌륭한 경관이 된다. 즉 도시 경관에도 선택과 집중이 필요하다. 뉴욕이나 런던, 파리와 같은 도시는 오래전부터 주거 지역과 상업 지역의 높이와 밀도를 차등 관리하며 도시의 경쟁력을 지켜 나가고 있다.

이를 제한하고, 주택 공급을 조절하기 위해 만들어진 규제다. 물론 그 전부터 비행기가 안전하게 이착륙할 수 있도록 주변 건물의 높이를 제한하기도 했으나 경관법의 높이 제한은 조금 더 세밀하다.

건축물 높이 제한은 이미 오래전부터 세계 유명 도시에서 각 도시의 사정에 맞게 실행되어 왔다. 아테네에서는 파르테논 신전의 조망을 가리지 않기 위해 12층을 초과해서 건물을 지을 수 없었고, 지금도 로마의 모든 건축물은 바티칸 성당의 높이인 163미터보다 높아서는 안 된다.

뉴욕이나 런던, 파리와 같은 도시들도 오래전부터 일반주거지역의 밀도와 경관을 차등 관리하며 도시의 정체성과 공공성을 지키고 있다. 뉴욕의 경우 맨해튼의 중심지에는 365미터(55층) 높이의 뱅크오브아메리카타워를 비롯하여 하늘을 찌를 듯한 초고층 건축물이 많다. 그래서 높이 제한을 한다는 말이 의아하게 생각할 수 있지만, 맨해튼은 철저히 주거 지역과 상업 지역을 구분하여 높이 관리를 하고 있다. 중심지는 용적률 1,000퍼센트 이상 고층 고밀 복합개발을 유도하지만 그 외의 주거 지역은 14층 내외 수준으로 높이를 제한한다. 개발 밀도와 높이를 연계한 조닝을 통해 세밀하게 높이 관리를 하는 것이다.

## 높이 관리가 필요한 이유

그런데 왜 많은 도시들이 건물 높이를 제한하는 방법을 택했을까? 이유는 간단하다. 도시의 아름다움을 모두의 자산으로 보기 때문이다. 한마디로 소수의 사적인 이익보다 도시에 사는 '공익'을 위해서다. 그런 의미에서 높이 규제는 아름다움을 위한 규제라고 할 수 있다.

서울시가 높이 관리를 하는 이유도 이와 크게 다르지 않다. 그 이유는 크게 네 가지로 정리할 수 있다.

첫째, 공공의 자산인 서울의 경관을 함께 즐기기 위해서이다. 한강은 서울의 최대 개방 공간으로, 강변의 건축물과 강 너머로 보이는 산이 어우러지며 빚어내는 한강의 경관은 서울의 오랜 경관 자산이다. 또한 서울을 안팎으로 둘러싸고 있는 남산(270미터), 관악산(632미터), 북한산(835미터)은 서울의 공간 구조를 결정하고 아름다운 자연 경관을 형성하는 소중한 자산이다. 이를 일부 사람들이 독점하지 않고 모든 시민들이 함께 바라보고 누리기 위해서는 한강변과 산 주변 그리고 이들이 잘 보이는 지역에 너무 높은 건물이 들어서지 않도록 높이를 제한해야 한다. 이를 위해 서울시는 산 주변의 건축물을 자연과 어울리는 높이로 제한하고(자연경관지구), 북한산과 남산 주변에는 산을 가리지 않도록 최고 높이를 정했다(최고고도지구). 그리고 주요 산 조망이 아름다운 한강변도 건축물의 높이를 제한하고 있다.

아파트를 고층으로 짓고 각 동 사이 거리를 넓힌다 해도, 그 뒤에 다른 아파트 단지가 들어서면서 앞 단지의 동 사이 거리를 막아서면 아무 의미가 없다. 실제로도 배후에 건축물이 겹치는 형태가 많아 오히려 건물 사이로 보이는 조망 경관이 존재하지 않는 경우가 허다하다.

둘째, 도시의 각 지역마다 역할에 맞는 개발의 윤곽이 필요하기 때문이다. 그래야 개발의 규모와 형태가 예측되고, 그에 맞는 기반 시설을 공급하여 도시를 체계적으로 관리할 수 있다. 주거 지역은 일상 생활을 위한 정온한 터전으로 지나치게 높거나 큰 건축물을 제한하되, 상업 지역은 도시 기능을 집중시킬 수 있도록 더 높게 짓는 것을 허용할 필요가 있다. 낮출 곳은 낮추고 높일 곳은 높여 관리하자는 것이다. 서울처럼 개발 압력이 높은 도시에서 높이와 밀도를 관리하지 않는다면 너도나도 더 크게, 더 높이 지으려 할 것이다. 그러면 서울의 모든 공간이 건축물로 가득해질 수 밖에 없다. 중심지 위계가 높을수록 더 크고 활발한 개발이 이루어지도록 차등 관리가 필요하다.

셋째, 전통적으로 높이 제한이 필요한 이유는 기본적인 생활 환경을 보호하기 위해서다. 도시의 개방감을 보호하고 주거 지역에 최소한의 일조량을 확보하기 위해 높이를 제한할 필요가 있다. 도시의 개방감은 많은 사람들이 거리에서 쉽게 느낄 수 있다. 좁은 길 주변에 높은 건축물이 즐비하다면 길은 답답하고 어두워서 도시 환경은 나빠질 수 밖에 없다. 그래서 많은 나라들이 길의 폭에 맞게 건물의 높이를 정한다. 서울은 중심가로변에 가로의 폭과 입지 등 위계에 따라 최고 높이를 정해 관리하고 있으며, 주거 지역은 이웃집의 일조를 방해하지 않도록 정북 방향 높이를 정하고 있다.

마지막으로 도시 정체성을 바로 세우기 위해 높이 제한이 필요하다. 서울은 오랜 역사를 품고 있는 도시다. 서울의 역사가 담긴 경복궁, 창덕궁 같은 수많은 역사 자산들이 고층 건물에 둘러싸인다면 그 장소가 가진 역사적 가치가 훼손될 뿐더러 역사 도시로서 서울이 지닌 분위기가 사라져서 무색무취의 도시가 될 것이다. 고유의 것을 훼손하고 지울수록 서울의 정체성과 가치, 매력은 사라진다. 지금까지처럼 개발에만 몰두한다면 무색무취의 도시가 되는 것은 시간 문제다.

경관을 이야기할 때 논의의 중심이 되는 키워드는 크게 두 가지이다. 하나는 도시 경관을 지키고 관리하기 위한 '규제'이고, 다른 하나는 도시 경관을 꾸미고 치장하는 '사업'이다. 사실 그동안 많은 지자체들이 경관 자산을 지키기 위해 규제보다 손쉬운 경관 사업에만 몰두한 탓에 도시 경관은 시장 논리에 따른 개발로 많은 부분 훼손되었다.

경관 관리의 핵심은 결국 규제이고 경관 규제의 알맹이는 '높이'다. 이런 목적을 잊고, 경제적 논리를 앞세우며 더 높이 짓기를 원한다면 도시는 공공성을 잃게 될 것이다. 이미 우리 눈앞에 그런 광경들이 펼쳐지고 있지 않은가.

3

# 서울이 찾은 해법, 서울플랜

서울 곳곳에 고층 아파트가 들어서면서 경관이 훼손되고 공공성이 무너진 데는 서울시 전역에 적용할 수 있는 높이 관리에 대한 일관된 원칙과 기준이 명확하지 않았던 탓이 크다. 아파트 열풍에 산발적이고 개별적으로 고층 개발을 추진하기에 급급했고, 높은 건축물이 곧 '랜드마크'라는 인식까지 있었으니 높이를 관리하기 위한 원칙과 체계를 명확히 갖추지 못한 게 어쩌면 당연했다.

그로 인해 개발사업을 심의할 때 계획을 세우거나 결정하는 데 시간이 많이 걸렸고, 높이를 둘러싼 논쟁 때문에 시간이 지연된 만큼 낭비되는 사회적 비용도 만만치 않았다. 여러모로 비효율적이라는 평가가 쏟아지면서, 서울시 전체에서 실효성 있는 높이 관리를 위한 기준과 원칙이 필요하다는 데 의견이 모아졌다.

서울의 높이 관리 기준이 마련되기까지 서울시의 도시계획 이력을 간략히 살펴보면 다음과 같다. 우선 서울시는 2006년 '2020 서울도시기본계획'에서 각 도시 중심지 위계별로 건축물 높이를 제한하고, 일반주거지역에 대해 높이 제한의 필요성을 제시했다. 이에 따라 개발계획을 심의하는 도시계획위원회와 도시·건축공동위원회에서 일반주거지역에 대하여 최고 높이를 35층으로 제한하는 데 합의했다. 뿐만 아니라 개포 택지개발지구의 지구단위계획 수립 과정에서도 일반주거지역의 주거환경 측면에서 밀도, 층수, 배치 등을 지속적으로 논의한 끝에 최고 높이를 35층으로 결정한 바 있다.

그 뒤 2013년 일명 '서울플랜'이라 불리는 '2030 서울도시기본계획'이 세워졌다. 서울플랜은 2030년까지 서울시의 인구 지표, 공간 구조 및 토지이용계획 등 도시의 미래 골격을 결정하는 계획으로 도시계획의 최상위 법정계획이다.

서울플랜의 주요 요지는 서울을 도시 공간의 구조와 기능에 맞게 관리하는 것이다. 이를 위해 도심과 광역 중심처럼 시설과 사람이 몰려 있는 곳은 복합용도 개발을 통해 50층 이상 지을 수 있게 허용하고, 주거 지역은 35층 이하로 제한하여 경관이 주변과 조화를 이루도록 유도하고 있다. 서울플랜은 시민대표와 전문가, 5개 분과에 걸친 서울시와 자치구의 담당자 등 다양한 분야의 사람들이 초고층 개발과 높이 관리에 대한 문제의식을 갖고 수십 차례 논의를 거쳐 얻어 낸 결과라는 점에서 의미가 깊다. 이 과정에서 무조건적인 제한이 아니라 보존할 곳은 보존하고 높여야 할 곳은 높이는 차등적인 높이 관리 원칙을 세우는 것에 모두 공감했다.

한편 2015년 '역사도심기본계획'이 수립되면서 도심부의 역사적 가치를 보존하기 위해 역사도심부의 높이는 최대 90미터로 제한했다. 같은 해 '한강변관리기본계획' 수립 시에는 서울플랜의 내용을 기본으로 하면서 수변 연접부는 15층 이하로 권장하는 내용을 담았다. 그리고 2016년 '서울시 경관계획'이 수립되면서 서울의 건축물, 가로환경 및 도시 경관 전반에 걸친 계획을 이어 나가고 있다.

현재 서울의 높이 관리는 서울플랜을 바탕으로 한다. 지역별로 건축물의 높이나 밀도 등 토지를 이용하는 데 따른 큰 틀을 제시하면 시뮬레이션과 경관심의를 거쳐 최종 높이가 결정되는 구조다. 서울플랜의 의의는 서울시 전 지역에 대한 중심지 체계 및 용도지역별 높이 기준을 수립했다는 점이다. 이로써 높이 관리 기준에 대한 근거와 위상이 명확해졌다.

보통 세계 대도시들은 역사자원을 보존하고 중심 지역을 개발하기 위해 차등적으로 높이를 관리하고, 이를 경관 관리의 원칙으로 삼는다. 우리나라로 따지면 교통이 편리하고 사무실이 많은 강남과 여의도 같은 지역과 광역 교통 여건이 좋고 성장 잠재력이 높은 용산, 청량리, 상암, 잠실 같은 지역에 초고층 복합건물을 짓고, 그 외 지역은 되도록 높이를 낮추는 식이다. 즉 중요한 기능을 하는 도심과 광역 중심에 초고층 복합건물을 집중시키고, 지역·지구 중심지는 그보다 낮게, 일반주거지역은 더 낮게 높이를 관리하면서 공간 질서를 잡는다. 다시 말해, 가장 바람직한 도시 경관은 도심이나 국제업무지구 같은 특정 지역을 중심으로 스카이라인을 만드는 것이다. 그런데 서울은 특이하게도 고층 스카이라인을 만드는 대상이 아파트다. 이것이 바로 아파트에 대한 높이 관리 기준이 만들어진 중요한 이유다.

4

# 집중과 조화

앞서 살펴본 바와 같이 서울의 경관을 잘 관리하기 위해 여러 해법들이 만들어졌고 도시의 변화에 따라 새로운 방향과 전략, 그리고 구체적인 실천 방안들이 실행되었다. 2016년 서울시 경관계획에 따르면 서울의 경관은 역사도심, 한강변, 주요 산을 중심으로 중점 관리된다. 중점 관리되는 세 구역의 면적은 서울시 면적의 약 18퍼센트에 해당한다.

중점 관리 구역에서 기준 층 이상으로 건축물을 지으려면 건축위원회나 도시계획위원회에서 해당 건물이 주변 환경을 해치지 않는지 심의를 받고 통과해야만 한다. 역사도심은 5층, 한강변은 7층, 주요 산 주변은 6층 이상일 때 심의 대상이 된다. 이외에도 중점 관리 구역에서 건축물을 지을 때는 경관법에 제시된 세부 지침을 준수해야 한다. 구역별 중점 경관 관리의 특징을 좀 더 자세히 살펴보자.

## 역사도심 : 보존과 개발을 동시에

서울 도심부는 북악산, 인왕산, 남산, 낙산으로 둘러싸여 있으며 궁궐과 종묘 등 역사성을 지닌 건축물과 공간이 밀집해 있다. 서울시는 이 지역을 잘 관리하기 위해 2004년부터 여러 번의 보완 과정을 거쳐 2015년 '역사도심 기본계획'을 완성하였다. 역사도심 기본계획은 서울의 도심부를 관리하기 위한 기본 지침일 뿐만 아니라, 한양도성과 더불어 역사 도시로서 서울의 정체성을 잘 보존하고 회복하기 위한 중요한 정책이다.

역사도심은 크게 사대문 안 상업 지역과 내사산 주변 주거 지역으로 구분된다. 역사도심을 둘러싸고 있는 내사산과 한양도성의 독특한 경관을 잘 살리기 위해 서울시는 2000년부터 도심부 전역의 최고 높이를 90미터로 제한했다. 대략 20~25층 정도로 지을 수 있는 것이다. 그리고 그 범위 내에서 각 지역의 특성에 따라 별도의 높이 규제를 마련했다.

역사도심 기본계획이 완성되기 전인 2004년 한때 재개발 지역을 최

북촌은 1960년대만 해도 한옥으로 빼곡하게 차 있었다. 그러다 1970년대 강남이 개발되면서 경기고, 휘문고, 창덕여고가 강남으로 이전하고, 그 자리에 대기업과 기관이 들어서게 되자 북촌도 그 영향을 받게 되었다.

고 110미터까지 지을 수 있도록 높이 규제를 완화하기도 했으나 바로 부작용이 생겼다. 내사산 중 하나인 낙산의 높이보다 높은 건축물이 58개동에 육박한 것이다. 한창 한양도성과 서울의 산을 이용하는 시민과 관광객이 증가하고 있던 차에 우후죽순 늘어 가는 높은 건축물은 도시 미관에 걸림돌이 되고 있다. 이 건축물로 인해 북악산, 남산, 인왕산, 낙산 등 주요 조망점에서 바라보는 서울의 경관이 차단되거나 주변과의 조화가 깨지는 문제가 불거졌다.

그 뒤 서울시는 역사도심 내 건축물이 내사산보다 높거나 산을 압도하지 않도록 다시 90미터 이내로 높이를 제한하고, 대신 건물 저층부의 건폐율을 60~80퍼센트로 완화했다. 특히 인사동, 정동, 북촌처럼 역사성이 짙은 지역과 궁궐, 종묘 등 역사유적지와 그 주변은 30~50미터 이내로 높이를 제한하고 있다. 그로 인해 경복궁이나 종묘 등에서 영화 촬영을 하면 담장 너머로 높은 건물들이 보이지 않는다. 특별히 서울시는 오랜 고민과 논의를 거듭한 끝에 역사문화자원들도 도시계획적인 틀 안에서 관리될 수 있도록 자원별 관리 목표와 원칙, 세부지침을 마련했다. 한양도성(서울 사대문 안 도심)은 보전 관리 지역으로 설정하여 '역사문화 중심지'로 육성하고, 사대문 밖 낙후 지역은 개발을 확대하겠다는 것이 핵심이다.

모든 내용을 다 소개할 수 없지만 굵직한 계획만 보더라도 예전에 비해 경관 관리 방향이 크게 바뀌었음을 알 수 있다. 과거에는 거의 전면 철거 위주의 개발이었다면, 이제는 '보존'과 '개발'이라는 두 전략으로 전환했다. 이 방법이 지향하는 바는 분명하다. 보존과 개발이라는 두 방법으로 지역마다 차별화된 도시 정비 전략을 적용해서 도시 경쟁력을 확보하는 것이다.

## 한강변 : 조화와 공공성 회복을 우선으로

대한민국의 성장을 두고 '한강의 기적'이라 부를 만큼 한강은 근대화의 상징이며 서울에서 가장 크고 중요한 개방 공간이다. 그러나 오늘날 한강은 도시 고속도로로 단절되고, 주변 지역이 사유화되어서 서울시민이 찾고 즐기기에 어려움이 많다. 특히 한강변에 재건축·재개발이 한창인 아파트가 많아지면서 한강변 건축에 대한 세밀한 가이드라인이 필요했다. 그래서 시민, 전문가, 관련 기관이 모여 2년간 약 90여 차례 심도 있는 논의 과정을 거쳐 2015년 '한강변 관리 기본계획'을 만들었다. 한강변 관리 기본계획은 한강변 접근성을 높이고 한강을 조망하는 기회를 확대하여 한강을 시민생활의 중심으로 되돌리는 것을 목표로 한다.

한강변 경관 관리에 있어 모범을 삼을 만한 곳이 캐나다 밴쿠버의 폴스 크리크 해안가다. 밴쿠버시는 폴스 크리크 해안가 경관을 조화롭고 아름답게 만들기 위해 수변 공원에 있는 건축물은 4층 이하, 그 외 지역은 3층부터 25층까지로 제한했다. 그리고 환경을 고려한 디자

경관 관리의 방향이 과거에는 거의 전면 철거 위주의 개발이었다면, 이제는 '보존'과 '개발'이라는 두 전략으로 전환했다. 각 지역마다 차별화된 도시 정비 전략으로 도시 경쟁력을 확보하려는 것이다.

인으로 설계하도록 유도하는 등 아름다운 경관을 위해 세심한 노력을 기울였다.

서울시도 한강변 경관을 질서 있고 정돈되게 만들기 위해 한강변 전면에 있는 첫 번째 건축물과 그 뒤에 있는 건축물로 구분해 가이드라인을 두었다. 우선 수변 첫 번째 건축물은 강 건너편에서 바라보는 경관을 고려해서 단조롭거나 너무 튀지 않게 주변과 조화를 우선시하여 짓고, 뒤쪽의 건축물은 강 건너편에서 봤을 때 상층부와 옥탑부가 보이게 설계하도록 유도했다. 한강변으로 갈수록 점차 낮아지는 스카이라인을 형성하기 위해서다.

사실 한강변 경관을 가장 많이 차지하고 있는 것은 아파트다. 그런데 지금까지 지어진 아파트는 특색 없이 높기만 해서 획일적이고 단조로운 경관을 만들어 버렸다. 그러다 차츰 한강변 경관 관리에 대한 반성이 시작되면서 지금은 기존의 건축 스타일이나 건축 방법을 지양하고 있다. 또한 한강변 일반주거지역 아파트의 높이를 35층 이하로 제한하고, 통경축의 가장자리에 중·저층을 배치하여 시야를 확보함으로써 답답하고 단조로운 경관에서 벗어나 한강을 조망할 기회를 넓히려고 한다. 이는 한강변 경관을 특정 개인이 아닌 시민 모두의 것으로 회복하기 위한 노력이기도 하다.

특히 한강변 중점 관리 지역인 망원, 반포, 한남지구 등에 건물을 지으려면 북한산, 남산 등 주요 산을 가려서는 안 된다고 분명하게 명시하고 있다. 한강 경관 못지않게 서울을 둘러싸고 있는 산 경관도 서울

한강변 경관 관리의 목표는 한강변의 접근성을 높이고 한강을 조망하는 기회를 확대하여 한강을 시민생활의 중심으로 되돌리는 것이다.

시민 모두가 누려야 할 자산이기 때문이다.

다만 강남, 여의도 등의 도심과 용산, 잠실 등 광역중심의 일반주거지역은 비주거 용도를 포함하는 복합건물에 한해서 최고 50층까지 지을 수 있도록 허용하고 있다. 더불어 랜드마크가 될 만한 건축물을 세워 리듬감 있는 스카이라인을 만들기 위해 노력하고 있다. 각 지역의 기능과 목적에 맞게 낮출 곳은 낮추고 높일 곳은 높여 도시의 경쟁력을 높이려는 것이다.

특별히 한강변에 있는 구릉지와 자연 녹지는 한강을 대표하는 경관자원이다. 구릉지 안에 건물을 지을 경우 경관 면에서 좋은 점은 계단식으로 점차 높아지는 지형적 특성 덕분에 별도의 스카이라인을 계획하지 않아도 중첩 경관이 자연스럽게 형성된다는 것이다. 이러한 장점을 잘 살리기 위해 구릉지 경관 관리에서 가장 중요한 원칙은 구릉지의 원지형을 최대한 보호하여 건축물을 배치하는 것이다. 그리고 주변 환경과 조화를 이루도록 주변 건축물에 비해 너무 크게 짓거나, 돌출 경관이 발생하지 않도록 관리해야 한다.

## 주요 산 주변 : 자연과 조화롭게

주요 산 중점 관리 지역에서 가장 문제가 된 것은 구릉지 개발이었다. 특별히 사대문 안 북쪽과 남쪽 일대의 내사산 주변 지역은 산자락을 따라 저층 주거 지역이 형성된 곳이다. 자연친화적인 경관을 자랑하는 이곳은 자연경관지구, 최고고도지구, 지구단위계획, 정비사업 등에 의해 높이 관리가 되고 있다. 그러나 과거 최고 높이 기준이 없던 시기 일부 지역(제2종 일반주거지역, 제3종 일반주거지역)이 개발되면서 문제가 발생했다. 내사산을 가리는 고층 건축물이 들어서면서 산으로 향한 조망이 꽉 막혀 버린 것이다. 게다가 자연환경을 고려하지 않는 무분별한 개발로 산 고유의 지형적인 특성도 빠르게 훼손되었다. 울창한 산과 조화를 이루며 자연스럽게 형성된 저층 주거지 경관이 더 이상 훼손되는 것을 막기 위해서라도 지속적인 관리가 필요한 시점이다.

이에 서울시는 저층 주거지 경관과 고유의 지형을 최대한 보호하기 위해 건축물을 지을 때 내사산 녹지축과 자연스럽게 연결되도록 유도하고 있다. 그리고 내사산 주변 주거 지역에 아파트를 지을 때 산을 가로막거나 주변 환경과의 조화를 깨지 않도록 산과 경계를 이루는 곳은 가급적 중·저층으로 짓도록 관리하고 있다. 산 주변으로 갈수록 점차 낮아지는 스카이라인을 유도하는 것이다.

또한 산이 잘 보일 수 있도록 열린 경관이 필요한 지역(망원동, 합정동, 한남동 등)을 '주요 산 자연조망 관리 지역'으로 선정해서 각종 개발 사업을 추진할 때 배후 산이 잘 보이는지 경관 시뮬레이션을 거치도록 했다. 시뮬레이션은 건축물이 들어선 뒤 산이나 한강변의 모습이 어떻게 변화할지 예측하기 위해 시도된 방법이다. 예를 들어 망원

산을 가로막거나 주변 환경과의 조화를 깨지 않도록 산과 경계를 이루는 곳은 가급적 중·저층으로 짓도록 경관을 관리하고 있다.

지구에서는 북한산과 안산이 잘 보이도록 선유도 전망대에서 경관 시뮬레이션을 거치고, 반포지구에서는 관악산과 현충원이 잘 보이도록 반포대교 북단에서 경관 시뮬레이션을 거쳐야 한다. 이처럼 서울시는 경관 시뮬레이션을 진행할 기준점 10곳을 정해서 철저히 시뮬레이션 검증을 하고 있다.

이 외에도 여러 세부 지침을 통해 서울을 아름답고 조화로운 경관 도시로 만들기 위해 세심한 노력을 하고 있다. 높이 제한을 비롯한 경관 관리의 세부 지침은 '아름다운 서울 경관'이라는 큰 그림을 만들기 위한 작은 조각보이다. 조각보가 하나둘 잘 맞춰진다면 자연은 본연의 모습을 되찾고, 서울 경관 역시 원래의 주인인 시민에게로 돌아가는 등 모든 것이 제자리를 찾게 되지 않을까 기대해 본다.

5

# 높이 관리 기준은 어떻게 만들어졌나

지난 2009년 서울시는 한강변공공성재편에 따라 재건축 땅의 25퍼센트 이상을 기부채납(공공기여)할 경우 한강변 인근 일반주거지역의 재건축 단지도 최고 50층 내외로 건립을 허용한다는 파격적인 방안을 내놨다. 당시 인허가를 받은 곳이 용산구에 자리한 최고 56층 높이의 래미안 첼리투스(기부채납 25퍼센트)와 성동구에 자리한 최고 47층 높이의 서울숲 트리마제(기부채납 32퍼센트) 두 곳이다. 두 아파트는 현재 한강변 재건축 아파트의 평균 기부채납 비율(15퍼센트)보다 훨씬 많은 토지를 녹지 조성 등을 위해 내놨다. 아파트를 높게 짓는 대신 공공 공간을 마련하기로 약속한 것이다. 래미안 첼리투스 재건축 사업 추진 과정에서 기존의 아파트는 약 4분의 3 정도 규모로 줄어들고, 나머지 부지에 공원이 조성됐다. 한강변공공성재편 정책이 적용된 결과다. 주민들이 단지의 넓이 대신 높이를 선택한 셈이다.

그러나 이 방안은 오래가지 못했다. 초고층 건축의 전제 조건인 기부채납 비율이 25~40퍼센트에 달하자 이후 다른 재건축 현장에서는 부담을 느낀 대다수 주민들이 반대한 것이다. 결국 이 정책은 단 두 곳에만 적용되었다. 그 뒤 서울시 전체의 높이 관리 원칙과 기준이 마련되면서 서울시는 주민들의 요구를 합리적으로 조정해 나가기 시작했다. 기부채납 비율을 15퍼센트 이하로 낮추고, 도시계획 차원의 경관관리(입지·밀도에 따른 차등 관리)로 재건축의 방향이 전환된 것이다. 특히 한강변 일반주거지역은 35층 이하로 관리하고 있다. 더 나아가 개발 밀도와 최고 높이가 비례되도록 하면서 다양한 건축계획과 사업 가능성, 심의 이력, 밀도별 층수 현황까지 종합적으로 고려하여 수치적 기준이 설계되었다.

## 랜드마크에 대한 오해와 조망권

"그래도 도시에는 '랜드마크'가 필요하지 않나요?"

건축물의 높이를 제한한다고 할 때 이런 질문을 하는 경우가 있다. 그러나 이는 랜드마크가 무조건 높고 눈에 띄는 건물이어야 한다는

CITY

Migliore
DOOSAN
Migliore

데에서 비롯된 편견이다. 랜드마크는 도시와 연관해서 가장 먼저 떠오르는 장소나 건축물이지, 반드시 초고층 건축물을 의미하는 것은 아니다. 그런 의미에서 앞서 말한 훌륭한 경관을 가진 도시처럼 서울도 유서 깊은 역사와 문화, 자연환경 자체가 서울의 랜드마크이자 도시 경쟁력이 될 수 있다.

그렇다고 서울시가 초고층 건축물을 짓는 데 무조건 엄격한 잣대를 들이대는 것은 아니다. 경쟁력 강화가 필요한 중심지는 복합개발을 통해 50층 내외의 초고층 개발을 허용하고 있기 때문이다. 높일 곳은 높이고 관리할 곳은 관리한다는 원칙 속에서 다양성을 존중하는 것이다.

초고층을 주장하는 이유는 조망 때문이다. 지금까지 아파트의 상품가치는 주택 내부나 단지 조경에 따라 매겨졌다. 여기에 새롭게 추가된 것이 조망이다. 그래서 조망이 좋은 아파트 상품을 만들기 위해 '높이'는 중요한 요소가 되었다. 주택 내부가 얼마나 잘 설계되었는지, 단지 내 조경이 얼마나 잘 조성되었는지, 조망이 얼마나 좋은지에 따라서 아파트에 사는 사람들은 삶이 좀 더 편리하고 풍요로울 수 있다. 문제는 이 좋은 요소들이 단지 밖에서도 좋은 요소로 작용하고 있는지 여부다.

초고층 아파트의 조망이 좋다고 하는 이유는 주변에 강과 산 같은 자연과 저층의 다른 주거지가 있기 때문이다. 주변의 환경 덕분에 좋은 조망을 즐길 수 있는 것이다. 그런데 만약 주변에 비슷한 높이의 초

아파트 내의 좋은 조망과 조경이 단지 밖에서도 좋은 요소로 작용할까? 초고층 조망권을 주장한다면 주변 사람들이 초고층 아파트의 답답함을 조망하지 않을 권리도 함께 생각해 봐야 한다.

고층 아파트가 들어선다면 더 이상 조망이 좋다고 할 수 없게 된다. 만약 초고층의 조망권을 주장한다면 주변 사람들이 초고층 아파트의 답답함을 조망하지 않을 권리도 함께 생각해 봐야 한다.

높이 관리에 대한 원칙과 기준은 해외 도시에서도 비슷하게 적용되고 있다. 중심지와 일반주거지역의 밀도와 경관을 다르게 관리하고, 주거 지역에서는 초고층 건물을 도시 경쟁력으로 보지 않는 것이 일반적이다. 그래서 조용하고 쾌적한 환경이 필요한 주거 지역은 적정 수준의 높이를 유지하도록 관리한다.

높이 관리는 경직되고 엄격하기만 한 규제가 아니다. 오히려 도시 경관을 합리적으로 관리하기 위한 규제이다. 따라서 서울의 정체성을 살리고 보존하여 경쟁력을 확보하기 위해 필요한 규제이다. 그런 의미에서 높이 관리는 모두가 공공의 자산을 누리며 현재를 넘어 미래에도 살기 좋은 도시를 만들기 위한 필요조건이 분명하다.

6

# 왜 35층인가?

서울시의 높이 관리 기준은 지역용도에 따라 허용되는 개발밀도와 최고 높이가 비례하도록 설계되어 있다. 도시 관리에 미치는 영향이 큰 만큼 충분한 논의와 자문, 시민 의견 수렴 절차를 거쳐 만들어졌다. 그 과정을 살펴보면 우선 분야별 전문가, 도시계획위원회, 정책자문단의 자문, 지역별 주민간담회와 공청회를 거쳐 스카이라인 관리원칙을 만들었다(2012.3.~2013.4.). 그리고 최상위 계획인 도시기본계획안에 반영하여 다시 시민, 전문가, 도시계획위원회, 공청회 등 의견 수렴 절차를 거쳐 결정하였다(2012.4.~2014.5.). 이 과정에서 다양한 건축 계획을 검토하고 사업 가능성을 따졌으며 관련 심의 이력, 밀도별 층수 현황까지 종합적으로 검토한 결과이다. 서울을 장기적이고 일관되게 관리하기 위해 만든 기준인 것이다.

35층은 제3종 일반주거지역에서 주거용으로 개발할 때 적용되는 최고 층수 기준이다(중심지에서 복합개발로 건축할 경우 최고 층수는 50층 이하). 한강변 아파트 단지를 중심으로 드러나고 있는 조망권의 경제적 가치를 고려하면 앞으로 주거 지역의 높이 경쟁은 더 심화될 것이다. 높이 관리 기준은 높이 경쟁이 가져올 부정적 영향을 억제하기 위해서 꼭 필요한데, 쟁점은 관리의 수준이다. 35층은 법적 용적률 상한선인 300퍼센트를 확보하고 주변 지역과의 조화를 고려한 기준으로서나 지역별 관리 기준으로 무리가 없는 수준이다. 아파트 단지 계획에 있어 일반적인 건폐율 수준을 20퍼센트로 보면 모든 동을 15층으로 할 경우 용적률 기준에 도달하게 되므로, 최고 층수 35층 이하라는 기준은 각 동의 높이에 변화를 줄 수 있는 여지가 있는 합리적인 수준이다. 다만 도시기본계획에서 정한 스카이라인 관리원칙인 만큼 이 범위 안에서 향후 지역별 목적과 기준을 구체화시켜야 한다.

이 높이 기준에 반대하는 사람들은 '재산권 제약이다', '획일적인 높이 규제다'라고 비판하면서 왜 꼭 35층이어야 하냐고 반문한다. 그러나 35층이란 층수는 100미터가 넘는 높이로, 남산 소월길과 낙산을 넘어서는 높이다. 게다가 용적률과 기존 건물들의 높이 등을 감안해서 전문가들의 오랜 논의와 시민들과의 공론화 과정을 거쳐 합의된 수치다. 더 높이 짓게 해달라는 쪽에서는 이 수치가 전에 비해 빡빡하

저층 건물이 답답하게 길을 에워싸는 것보다 듬성듬성 초고층을 세우고 나머지는 녹지 공간으로 시원하게 사용하자는 주장이 있다. 이 주장은 단지 차원에서는 설득력이 있지만 결과적으로 한강변을 기존보다 더 높은 아파트 벽으로 막아서는 부작용을 낳는다.

다고 주장하지만, 사실 35층에 달하는 높이는 2009년 한강변 초고층 건축이 허용되던 시기에 심의하고 결정된 아파트의 최고 층수 수준으로서 법적인 개발밀도 내에서 건축계획을 수립하는 데 무리가 없는 기준이다.

서울시는 높이 관리 기준이 마련된 2013년부터 약 4년 동안 70개소 이상의 주거지 정비사업에서 35층 기준에 따라 일관성 있게 사업을 진행했다. 그동안 기준이 모호해서 사전 협의나 위원회 심의에서 수차례 논의되고 지연됐던 사업들도 빠르게 추진되기 시작했다. 단지별 최고 층수의 평균치는 약 23층 수준이며, 층수는 9~35층까지 다양하다.

초고층 아파트로 많이 언급되는 타워팰리스나 목동 하이페리온 등은 대부분 용적률이 600~800퍼센트에 달한다. 상업 지역 또는 준주거 지역 내 주상복합이므로 최소 용적률 400퍼센트 이상을 확보하기 위해서는 층수가 높아질 수밖에 없다. 그러나 일반주거지역에서는 250~300퍼센트의 용적률로 건축할 경우 잠실 파크리오(36층), 청담자이(35층), 반포 래미안 퍼스티지(35층) 등 35층 정도의 높이로도 충분히 건축할 수 있다.

최근 서울시의 아파트 높이 관리 정책에 대한 논의가 뜨겁다. 일단 서울시는 서울시민의 조망권을 보장하고, 스카이라인이 가진 공공성을 감안할 때 높이 관리가 꼭 필요하다는 입장이다. 반면 토지 사용의 효율성을 극대화하고 다양한 건물 디자인을 선보이는 데 높이 관리가 걸림돌이 된다는 반론도 팽팽하다. 일부 대규모 아파트 단지에서는

35층 규제는 과도하며 대폭적인 완화가 필요하다고 주장한다. 35층을 절대적으로 규제하면 더 많은 건축 면적을 얻기 위해 조경과 커뮤니티 공간 등 외부 공간을 줄여서 주거 환경이 과밀화된다는 것이다.

오히려 초고층을 더 배치하면 단지 내부에 더 넓은 개방 공간과 통경축을 확보하고, 높이 변화를 통해서 만들어진 다양한 스카이라인과 디자인으로 서울의 얼굴이 더 멋지게 바뀔 것이라고 주장한다. 현재 우리나라의 건설시공 기술력을 감안하면 50층 이상 고층 건물을 짓는 데 전혀 문제가 없으며, 사업 비용이 대폭 늘어나더라도 이를 감수하겠다는 것이다.

35층 이하라는 높이 기준은 그간 심의를 거친 다양한 계획 사례에서도 알 수 있듯, 적절한 면적의 외부 공간을 조성하면서도 법정 용적률 확보가 가능한 기준이다. 그럼에도 35층 이상의 높이를 주장하는 이유 중 하나는 조망이 좋아 분양가 책정에 유리한 세대를 더 많이 확보해서 사업성을 높일 수 있는 측면이 있기 때문이다. 누구든 사유재산권을 주장할 수 있고, 정부가 그것을 보호해야 하는 것이 마땅하다. 그러나 개발 행위가 공공의 이익을 침해하지 않는 범위 내에서 적절히 관리하는 것이 도시계획의 근간이다. 서울의 높이 관리에서의 쟁점도 관리의 당위성보다는 기준의 정도와 주거 지역에 집중되어 있다. 따라서 현재 기준이 주거 지역 개발에 있어 조망과 통경축 확보에 불리하고 오히려 획일화를 초래하는 것은 아닌지, 높이 기준을 둘러싸고 사익과 공익이 대립하는 바로 이 지점을 좀 더 객관적으로 살펴볼 필요가 있다.

## 35층 규제에 대한 이해

지금부터는 35층 규제에 대한 여러 의문을 하나씩 짚어 보도록 하자.

**Q** 최고 층수를 35층으로 제한하는 것이 아니라 오히려 최고 층수를 대폭 완화해서 높이 짓고, 그만큼 아파트의 동과 동 사이를 넓혀 조망을 확보하는 게 더 합리적이지 않은가?

**A** 이론상으로 맞는 말이다. 그러나 실제로는 조망 확보가 어렵다. 고층으로 짓고 각 동 사이 거리를 넓힌다 해도, 그 뒤에 다른 아파트 단지가 들어서면서 앞 단지의 동 사이 거리를 막아서면 아무 의미가 없다. 실제로도 배후에 건축물이 겹치는 형태가 많아 오히려 건물 사이로 보이는 조망 경관이 존재하지 않는 경우가 허다하다. 높이 규제를 풀어 달라는 입장을 보면 현재 높이 기준은 개방 공간 확보 면에서 불리하다는 것이다. 높이 규제를 풀어서 건물을 더 높게 지으면 개방 공간을 더 많이 확보할 수 있다는 주장이다. 다시 말해 저층 건물로 답답하게 길을 에워싸는 것보다 듬성듬성 초고층을 세우고 나머지는 녹지 공간으로 시원하게 사용하자는 것이다.

이론적으로는 가능하나 우리의 현실적인 여건으로 보면 단지 내 개방 공간은 주민 동의가 없으면 입주민의 사적 공간이 될 수밖에 없다. 결국 공공의 입장에서 실익을 얻기 어렵다는 점에서 설득력이 약하다. 최근 잠실에 지어진 아파트들을 보면 이런 현상이 여실히 드러난다. 옛날 5층 높이의 한강변 아파트들도 30층으로 재건축되었는데 거주민은 한강을 볼 수 있지만 한강 너머에서 보면 한강변을 아파트 벽으로 막아선 꼴이 되어 버렸다. 이렇게 빈 공간 없이 아파트가 들어서면 외부 사람들은 갑갑한 아파트 벽만 보게 된다.

서울의 경관은 사유화할 수 없는 공공 자산이므로 개별 단지 차원이 아니라 도시 전체 차원에서 보다 큰 그림으로 봐야 한다. 앞에서 서술한 것처럼 열린 조망과 통경은 개별 단지의 계획만으로 확보하기 어려우므로 경관계획을 통해 한강변뿐 아니라 서울 곳곳에 조망점과 통경축을 정하고 이를 가급적 훼손하지 않도록 서울시는 각종 개발과 건축을 심의로 유도하고 있다.

이처럼 도시 내 개방 공간을 확보하는 것도 중요하지만, 공간에 생명을 불어넣는 것이 더 중요하다. 아무리 멋있는 고층 건물이 들어서도 그곳을 오가는 사람이 없으면 황량해지고, 주변은 점점 생기를 잃게 된다. 그런 면에서 고층 건물이 듬성듬성 있고 사람이 없는 개방 공간보다 조금 더 낮은 건물로 둘러싸이고 보행자들이 접근하기 쉬운 공간이 들어서는 편이 더 낫다. 많은 도시 전문가들은 녹지가 많으면서 고층 건물이 들어선 곳보다 저층 건물에 사람들이 더 편안함을 느낀다고 진단한다. 실제로 통행량을 비교하면 고층 건물보다 저층 건물이 밀집되어 있는 거리에 사람들이 더 많이 다니는 것으로 나타났다.

**Q** 35층으로 제한하면 디자인이 획일화되면서 도시가 성냥갑 같은 아파트로 채워지지 않을까?

**A** 결론부터 말하자면 35층 이하에서도 얼마든지 다양한 층수 구성과 디자인이 가능하다. 35층으로 높이를 제한하면 획일적인 스카이라인이 형성될 것이라는 우려는 단지의 모든 동을 35층으로 짓는다는 가정에서 나온다. 그러나 이것은 용적률이 500~600퍼센트 수준일 때 가능한 수치다. 기준이 과도해서 정해진 용적률을 채울 수 없다면 모르지만, 35층 이하로 높이 관리를 하는 것은 용적률 달성과는 전혀 무관하다.

법적으로 공동주택에 허용되는 최대 용적률은 300퍼센트이고, 통상적인 건폐율은 20퍼센트(개방 공간은 80퍼센트)이다. 이 기준에 맞춰 지을 경우 평균 높이는 15층에 불과하다. 그러므로 주거 쾌적성을 확보하면서도 얼마든지 다양한 높이와 형태로 건축하고 배치하는 것이 가능하다.

서울시의 높이 관리 정책은 모든 층수를 35층으로 획일화하라는 것이 아니라, 최고 층수에 대한 기준을 제시할 뿐이다. 즉 최고 층수 35층 이하에서 단지 내부에 높이 변화를 주면 다양한 스카이라인을 만들 수 있다. 이미 허가가 난 한강변 재건축 아파트 현황을 보면 외부는 15~20층, 내부는 35층까지 다양하게 높이 변화를 시도하고 있다. 35층이라는 기준을 잘 지키면서도 다양하고 창의적인 경관을 만들어 내는 사례가 점점 늘어나고 있는 것이다. 한남뉴타운3구역의 경우도 주어진 개발밀도(제2종 일반주거지역, 제3종 일반주거지역)를 충족하면서도 자연 지형에 순응하는 다양한 형태의 건축 디자인과 스카이라인을 검토 중에 있다.

이 외에도 싱가포르의 인터레이스나 LH 강남 힐스테이트 처럼 50층 수준의 초고층이 아니어도 우수하고 다양한 공동주택 디자인을 보여주는 사례가 있다. 독일 건축가 올레 스히렌이 설계한 인터레이스는 각 단지를 다양한 각도로 엇갈리게 디자인해 아파트 단지를 총 8개의 공원이 있는 푸른 숲으로 만들었다. 이처럼 창의적인 디자인으로 인터레이스는 2015년 세계건축박람회에서 '올해의 건물'로 선정되기도 했다.

**Q 광역 중심에 해당하는 지역은 51층 이상이 허용되는가?**

**A** 도시기본계획상 높이 관리 기준에 따르면 중심성이 있는 도심·광역 중심의 상업 지역 및 준주거 지역에서는 51층 이상의 초고층 건축물을 지을 수 있다. 잠실 역세권은 도시 공간구조상 광역중심에 해당하기 때문에 잠실역 주변은 용도지역 변경을 통해 복합 용도의 50층 이상 건축물을 지을 수 있다.

물론 중심지라는 이유만으로 무조건 35층 이상으로 지을 수 있는 것은 아니다. 중심지에 있으면서도 공공에서 필요로 하는 기능(광역 중심 부합용도 MICE, 기업 회의, 포상 관광, 컨벤션, 전시 등)을 도입할 때 용도지역 변경이 가능하고, 용도지역이 변경되면 35층 이상으로 짓는 것이 가능하다.

**Q** 그렇다면 형평성에 문제가 생긴다. 일부 재건축 아파트의 경우 허용하지 않는 이유는 무엇인가?

**A** 서울시는 순수 공동주택을 건축할 경우 일관되게 35층 이하로 높이를 관리하고 있다. 단지 각 지역별 기능과 용도에 따라 최고 높이를 차등 관리하는 것뿐이다. 그러므로 형평성에 어긋난다는 주장은 사실과 다르다. 오히려 지난 4년 동안 서울플랜을 통해 70개소의 주거지 정비사업 계획을 승인하고, 현재도 사업이 진행되고 있는 시점에서 몇몇 단지만 높이 기준을 완화한다면 형평성에 어긋나고 일관성을 지키며 높이 관리를 하기 어려워진다.

## 낮출수록 함께 행복한 도시

서울시는 세계 대도시인 도쿄, 베이징, 싱가포르, 뉴욕, 런던, 파리와 비교했을 때, 높이 200미터(약 50층) 이상의 초고층 건물 수가 뉴욕, 도쿄, 싱가포르에 이어 4위를 차지했다. 그러나 12층 이상의 고층 건물 수는 7,635개로 1위를 차지했다. 도시 면적 대비 고층 건물 수가 다른 도시보다 많은 것으로 나타났다.

엄청나게 빠른 속도로 고층 건물, 그중에서도 아파트가 세워지고 있다. 물론 고층 아파트와 고층 건물이 무조건 나쁜 것은 아니다. 높

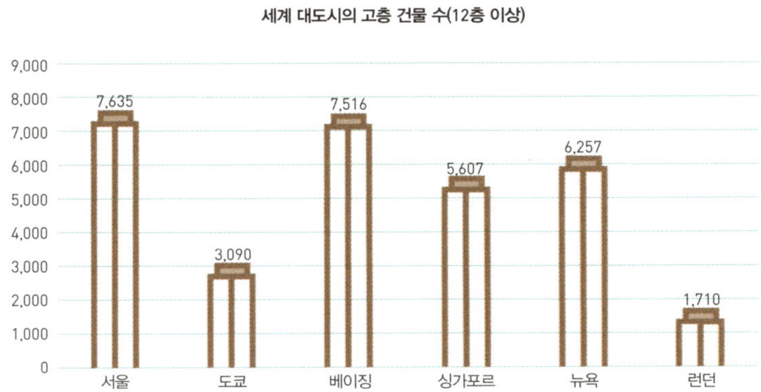


자료 : www.emports.com(2017.04.20. 최종확인)

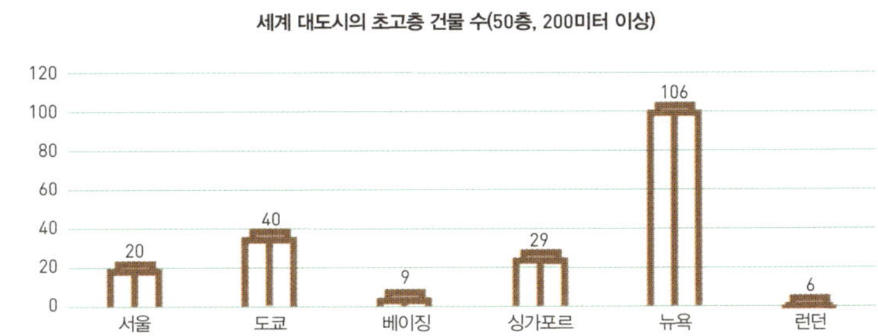


자료 : 서울과 세계대도시(서울연구원, 2017)

은 건물이 들어서는 변화무쌍한 서울의 모습이 생동감 있고 멋있다고 평가하는 사람도 있고, 고층 아파트에서는 일반 아파트에서 보기 힘든 조망을 확보할 수 있다. 반면 급작스럽고 쉽게 아파트 건축이 이루어지면서 지켜야 할 소중한 서울의 경관이 많이 훼손된 데 대해 안타까워하는 사람도 있다.

이제는 서울의 개발 방향과 현황이 이대로 괜찮은지 돌아봐야 하는 상황이 되었다. 우선 우리의 환경이 변했음을 인지해야 한다. 서울의 인구는 이미 감소 추세에 접어들었다. 과거에는 산업화로 인해 서울에 인구가 몰려들면서 주거 문제를 해결하기 위해 고층 아파트를 지었지만, 이제는 점점 서울의 인구가 줄어들고 주택보급률도 100퍼센트를 넘긴 상황이다. 그런데 과연 더 높게 지을 필요가 있는지 생각해봐야 한다. 이런 식으로 계속 간다면 아파트 공급 과잉 상태가 될 게 분명하다.

지금껏 아파트가 재산을 늘려 주는 재테크 수단으로 큰 비중을 차지했기 때문에 수익 면에서 고층 아파트를 선호할 수는 있다. 하지만 35층으로 지어도 충분히 수익을 얻을 수 있다. 다만 '내가 원하는 만큼'의 수익이 아닐 뿐이다. 더 높게 지을수록 건설 비용이 늘고, 그러면 아파트 값은 더 오를 수밖에 없다. 그리고 결국 그 돈은 개인의 빚으로 돌아오고 만다. 그러므로 적정한 높이 관리를 통해 지금까지 지속되고 있는 악순환의 고리를 끊어야 하지 않겠는가.

유럽의 경우 1960년대에 고층 아파트의 인기가 절정에 달했었다.

그 뒤 인구가 감소하고 오일쇼크가 일어났는데, 엎친 데 덮친 격으로 초고층 아파트에서 대형 화재가 일어나면서 고층 아파트에 대한 기피 현상이 일어났다. 일본도 1970년대 미분양 사태를 맞은 뒤부터 아파트 높이보다 질적인 환경을 더 중요하게 여기는 사회 분위기가 형성되었다.

고층 아파트의 열풍이 지나간 다음에 다시 저층을 선호하는 시대가 유행할지 누가 알았겠는가. 실제로 프랑스와 독일 등 몇몇 유럽 국가에서는 고층 주택을 헐어 내고 저층 주택을 짓는 사람들이 늘고, 이웃과 소통할 수 있는 공간도 점차 확대되고 있다. 특히 1960년대 초고층 건축물이 들어섰던 파리의 13구역은 개발 초기에 거주하던 주민들이 전부 떠난 상태다. 서울에서도 요즘 꽃이나 채소를 직접 재배할 수 있는 마당과 자동차나 자전거를 세울 수 있는 여유 공간이 있는 단독주택을 선호하는 사람들이 늘고 있다. 주거 형태보다 삶의 질과 생활 환경을 더 중요하게 생각하는 사람들이 많아진 것이다.

높은 곳을 소유하고자 하는 욕구는 끝이 없어 보인다. 그 욕구를 적절하게 제어하는 것이 높이 제한이고 경관 관리다. 무엇보다 이제는 같이 잘 사는 것이 중요한 시대적 가치이다. 높이 규제를 제대로 인식하고 잘 지키는 것이야말로 같이 잘 사는 사회로 나아가기 위한 첫 걸음일 수 있다. 낮출수록 도시는 함께 행복해진다.

에필로그

# 경관이 자산이 되는 시대를 사는 우리의 자세

서울은 과연 안녕할까? 지금의 서울을 보면 별로 안녕해 보이지 않을 때가 있다. 사실 서울은 다채로운 자연환경과 문화유산을 가진 풍요로운 도시다. 동시에 인간에게 그 풍요로움을 나누어 주는 넉넉한 도시다. 그런데 너무 풍족해서인지 우리는 서울이 가진 가치를 자주 잊는다. 서울이 우리에게 선사하는 것 중 하나가 바로 경관이다.

도시의 경관은 우리 모두의 재산이다. 당장은 내 집과 내 일터만 생각하기 쉽지만 도시의 가치는 내가 사는 곳에 국한되지 않는다. 홀로 높이 선 건축물이 도시의 랜드마크가 되고, 그곳에서 당장은 좋은 전망을 누릴지 모른다. 그러나 서울이 모두 높은 건축물로 가득 찬다면 오히려 서울은 지금보다 삭막한 도시가 되고 말 것이다. 그러면 결국 도시의 가치는 떨어질 수밖에 없다. 주거지는 주거지답고, 중심지는 중심지다울 때 바람직한 도시의 경관이 형성되고, 그에 따라 도시의 경쟁력과 가치도 올라간다.

이러한 측면에서 볼 때 특히 주거 지역의 건축물은 무조건 고층이라고 해서 좋은 것이 아니다. 오히려 살기에 불편한 점도 많다. 예를 들면 초고층 아파트는 일반 아파트와 주택에 비해 환기가 수월하지 않다. 안전 창을 설치해서 창문을 열 수 있다 해도, 초고층일수록 안전상 환기를 수월하게 할 만큼 창을 만들 수 없기 때문이다. 그리고 화재나 안전사고의 위험에도 더 많이 노출될 가능성이 높다.

더불어 지금처럼 개발이 지속된다면 과연 다음 세대가 맞이하는 서울은 얼마나 높고 얼마나 고밀도로 개발될지 생각해 봐야 한다. 1970~1980년대 강남 지역에 최초로 들어선 아파트는 대부분 5층에서 12층이었다. 이 아파트들이 2000년대 재건축되면서 20층 후반에 이르렀고, 최근에는 35층으로 높아졌다. 그러나 이마저도 사업성 확보를 위해 다시 50층 초고층 아파트를 지향하고 있다. 이런 추세가 계속된다면 과연 50층 다음에는 몇 층이 되어야 할까. 우리의 욕망은 과연 50층에서 멈출 것인가?

## 서울의 미래는 유토피아인가, 디스토피아인가

서울의 미래를 희망적으로 보는 사람이 있는가 하면, 부정적으로 그리는 사람도 있다. 분명한 건 지금 어떤 선택을 하느냐에 따라서 서울의 미래가 달라진다는 점이다. 지난 수십 년간 서울은 성장 일색의 도시개발 사업이 이루어졌다. 그러나 얼마 전부터 생태 도시를 지향하며 실제로 그런 도시를 만들기 위해 노력하고 있다. 서울시청 앞만 보더라도 자동차가 다니는 도로를 잔디 광장으로 조성하면서 주말마다 각종 문화 행사가 열리고 있다. 또한 하천을 복원하거나 공원을 조성하는 등 환경 친화적인 도시를 만들기 위해 애쓰고 있다. 서울시청과 각 구청, 지역 주민들이 함께 동네 자투리땅을 활용해서 '우리 동네 숲 만들기 운동'을 전개하는 것도 그런 노력의 일환이다. 자연 친화적이면서도 공공성을 강화한 것이다.

지금 서울에는 올림픽공원, 선유도공원, 서울숲 등 대규모 공원녹지들이 조성되어 있다. 또한 서울 시내에 수많은 하천들이 복원되었는데, 청계천을 비롯해서 양재천, 탄천, 중랑천, 성북천 등 대부분의 하천들이 예전의 모습을 되찾아 가고 있다. 생활의 편리함보다 삶의 질을 더 중요하게 생각하게 되면서 생태 도시를 바라는 사람들이 많아진 덕분이다. 앞으로도 서울의 아름다움을 회복하기 위한 이러한 노력이 계속된다면 서울의 미래는 어둡지 않을 것이다.

한편 새로운 첨단 시설이 들어서며 역사문화자원과 분위기가 많이 사라지기도 했지만 숭례문과 한양도성, 경복궁 주변의 한옥 지구 등이 원래의 모습과 분위기로 복원되기도 했다. 앞으로 개발보다는 복원과 보존을 통해 역사문화 도시로서의 분위기를 잘 지켜 낸다면, 600년 이상 우리나라의 수도였던 서울의 매력을 충분히 세계에 알릴 수 있을 것이다.

도시는 시민 한 사람 한 사람을 품고 담는 그릇이다. 우리 각자의 삶을 품어 주는 터전이자 우리 후손들이 살아가야 할 세상이다. 그렇기 때문에 우리가 살고 있는 도시를 잘 가꾸는 것은 우리 삶에 대한 책임일 뿐만 아니라, 후세에 대한 의무이기도 하다. 사람들은 많은 돈을 들여서 집을 꾸미고 비싼 전자제품으로 집안을 채우면서도 우리가 터를 잡고 살고 있는 도시에 대해서는 무관심할 때가 많다. 개인이 거주하는 공간에 대해서는 애정과 관심을 보이면서도, 정작 함께 사는 공간에 대해서는 무감각한 것이다. 두 가지는 서로 떼려야 뗄 수 없는 관계인데 말이다.

내 집만큼이나 우리가 살아가는 도시도 잘 살피고 돌봐야 한다. 도시가 안전해야 나도 안전하고, 도시가 건강해야 내 삶도 건강하며, 도시가 행복해야 나도 행복해질 수 있기 때문이다. 그런 의미에서 늘 눈에 보이는 '경관'은 매우 중요하다. 도시 경관은 높은 건물로 만들어지는 것이 아니라 오랜 시간 노력으로 만드는 도시 문화의 핵심이다. 아름다운 경관을 갖고 있는 도시일수록 오랫동안 그 고유의 아름다움을 지키기 위해 정성을 다한다. 특히 정치가나 도시계획 전문가, 건축

가와 예술가뿐만 아니라 평범한 시민들도 자신들의 도시가 갖고 있는 아름다움을 지키기 위해 힘을 모은다.

### 서울, 아름다움을 향유하는 도시로 나아가다

돌아보면 서울의 모습도 많이 변했다. 외형뿐만 아니라 사회를 움직이는 기본 틀이 바뀌었다. 개발 위주로 달려온 지난 시간을 되돌아보며 재정비할 수 있는 하프 타임을 맞은 것이다. 예를 들어 서울이 아파트 공화국이 되기 전인 20~30년 전만 해도 서울 시내엔 좁은 골목길에 주택들이 빼곡하게 들어서 있었다. 동네 아이들은 그 골목길에서 술래잡기를 하면서 놀았다. 하지만 자동차를 소유하는 사람들이 많아지면서 주차 공간이 필요했고, 그러다 보니 골목을 넓힐 수밖에 없었다. 그렇게 이면도로 확장 공사가 급격히 진행되면서 어린 시절 뛰놀던 골목길은 차츰 사라졌다.

그런데 요사이 잃어버린 골목길 문화를 되찾자는 운동이 벌어지고 있다. 서촌이나 통의동처럼 아기자기하면서도 옛 정취가 느껴지는 골목길은 이미 핫플레이스로 자리 잡았다. 뉴타운으로 지정되었다가 취소되어 몸살을 앓던 지역들도 도시재생 프로그램을 통해 새롭게 거듭났다. 은평구 신사동의 산새마을은 주민들과 서울시, 은평구청, 사회적기업 ㈜두꺼비하우징이 등이 힘을 모아 끊임없이 재생 노력을 기울인 결과 활기 넘치는 장소로 변해 가고 있다. 아파트에 연연하지 않고, 아파트가 아니어도 살 만한 동네를 만든 것이다. 이 외에도 서울 곳곳이 마을 재생 프로그램을 통해 마을 고유의 색깔과 매력을 되찾고 있다. 이와 더불어 저층 노후주택 밀집 지역을 대상으로 재개발·재건축 사업도 확대하고 있다. 주민들의 반대로 전면 개발이 어려운 곳을 대상으로 가로환경을 정비하고 주민들이 직접 설계한 마을공동체 사업을 추진하는 것이다.

'도로 중심'이었던 서울이 이제 '걷는 도시'로 점점 변화하고 있는 것도 크게 달라진 점 중 하나다. 예전에는 길을 걷다 보면 차를 피해 다니느라 여간 불편한 것이 아니었다. 그런데 어느새 서울 곳곳이 보행자 위주로 바뀌었고, 걷기 좋은 길들도 여러 곳에 만들어졌다. 특히 서울역에서 정동, 인사동, 명동을 거쳐 다시 서울역으로 이어지는 길을 각 노선별 코스까지 개발한 도심 이음길를 비롯해 서울둘레길, 한양도성길, 경의선 숲길 등 서울을 걸으면서 만끽할 수 있는 길들이 사랑받고 있다. 자동차에 길을 내어 준 서울의 길들이 변한 것이다.

서울시는 걷기 좋은 길을 만들면서 동시에 걷기 좋은 도로도 함께 만들었다. 장애인 이동권을 위해 보행 개선 사업이 이뤄졌으며, 보행자 위주의 도로를 만들기 위해 보행 환경을 개선하여 보행전용 거리를 만들었다. 이 외에도 자세히 보이지 않을 뿐, 서울 곳곳에 '사람 위주'로 바뀐 환경들이 꽤 많다. 이처럼 서울시는 시민들이 원하는 환경을 만들기 위해 부지런히 소통하며 다양한 사업을 시행했다. 그래서

지금 현재의 삶이 더 풍요로워지기도 했지만, 이것은 미래를 위한 것이기도 하다.

이제 밖으로 나가보자. 나가서 우리가 가진 산과 강, 그리고 문화유산들을 자주 보고 느껴보자. 높은 아파트와 건축물에 망가지고 가려졌던 도시의 아름다움을 직접 마주한다면 서울을 어떻게 지키고 가꿔야 할지 깨닫게 될 것이다. 그리고 무엇을 바꿔야 할지 보일 것이다. 서울이 원래 갖고 있었던 아름다움을 잘 지키는 것, 그 아름다움을 다시 공공의 경관으로 함께 누리는 것, 여기서부터 서울은 다시 제 모습을 회복하고 우리에게 많은 것을 되돌려 줄 것이다.

"경관이 밥 먹여 주냐?"라는 말이 있다. 자세히 생각해 보면 경관이 밥 먹여 준다. 국민소득 3만 달러를 바라보는 지금, 아름다운 경관은 많은 관광객을 끌어들일 뿐더러, 우리 삶의 수준과 만족도를 높여 주는 자산이 되기 때문이다. 아름다운 풍경 속에 사는 사람은 그 삶도 넉넉하고 아름다울 것이다. 늦지 않았다. 서울, 지금이라도 잘 보존하고 지켜야 한다.

# 높이 관리는 도시계획이다

조명래(단국대 도시지역계획학과 교수)

우리나라 건축물의 높이는 지난 20여 년 동안 두 배 이상 높아졌는데, 근래에 들어 그 속도가 더 가파르다. 2008~2014년 사이 31층 이상 고층 건물은 503동에서 1,319동으로 2.6배 급증했다. 한국은 현재 50층 이상 초고층 건물을 세계에서 네 번째로 많이 보유한 나라다. 한국에 주거용 초고층 건물이 많은 까닭은 돈이 되기 때문이다. 강남 재건축 단지들이 (초)고층을 고집하는 것도 같은 이유에서다.

고층일수록 사업성이 좋아지고 조합원의 개발 이익도 커지기 때문에 도시가 어찌 됐든, 내 단지에서만 높게 많이 짓고 싶어 한다. 고층 아파트는 그래서 부동산 이익 추구에 매몰된 우리의 '욕망의 기호'다. 강한 사적 욕망에 기초하다 보니 초고층 예찬은 높이가 갖는 공공적 측면을 외면하기 일쑤다. 대표적인 예가 서울시의 한강변 아파트 최고 높이 35층에 대한 것이다.

35층 최고 높이 제한은 엄밀히 말해 '규제'가 아니라 '도시계획'이다. 도시의 땅을 용도별로 나누고 여기에 적정 개발밀도를 부여하면, 높이는 이를 입체적으로 구현하는 도시계획의 핵심 수단이 된다. 높이 기준은 대개 도시 가치에 대한 해석과 합의를 통해 도출된다. 가령 서울 사대문 앞 건축물의 최고 높이를 90미터(평균해발 33미터를 더하면 123미터)로 정한 것은 도심에서 조망할 수 있는 내사산, 특히 낙산 높이(125미터)에 맞춘 것이다. 이는 다른 나라도 마찬가지다. 인도 뉴델리의 건축물은 힌두사원의 높이를 넘어설 수 없고, 프랑스 파리의 건축물은 역사적으로 형성된 높이(대개 6층)의 보호를 기준으로 삼는다.

그렇다고 높이 기준이 주먹구구로만 도출된 것은 아니다. 35층만 해도, 그간 들어선 고층 건축물이 초래한 경관 파괴의 문제, 한강변 주요 조망지점을 중심으로 배후 경관을 조망할 수 있는 적정 구간의 높이, 용적률과 건폐율을 적용했을 때 구현할 수 있는 층수 등에 대한 다면적 분석을 통해 도출된 값이다. 또한 시민과 전문가들이 함께 참여하여 오랜 기간 숙의와 합의를 통해 얻어진 값이기도 하다.

그래도 35층은 획일적이다? 35층 기준을 정할 때, '35층+α(알파)'를 함께 검토한 적이 있다. 여러 조건을 맞출 때 35층에 몇 개 층을 더 허용하는 인센티브 방식이다. 하지만 사업성을 최우선으로 하는 정비 방식에서 한강변 건축물은 결국 '35층+α'로 획일화될 수밖에 없을 것으로 봤다. 잘 관리하면 된다고? 하지만 경험은 그 반대였다. 이명박 시장 시절 사대문 안 건축물 최고 높이를 '90미터+α(30미터)'로 탄력적 기준을 도입했지만, 건축주들이 수단과 방법을 가리지 않고 '+α'를 찾아 먹은 결과, 110미터 높이의 건물이 우후죽순으로 생겨났다.

한강변 재건축 단지에 엇비슷한 높이의 아파트가 병풍처럼 도배된 까닭은 높이를 획일적으로 규제해서가 아니라 돈이 적게 드는 성냥갑 아파트를 찍어 내듯이 지었기 때문이다. 최고 높이 35층은 35층 이내에서 지역 특성에 맞고 조형적 미를 갖춘 건축물을 배치해 다양한 경관을 만들어 내는 것을 전제하는 기준이다. 반포 1단지나 신반포 3차 경남아파트 단지를 보면 한강 쪽은 15층 이내, 뒤편은 최대 35층 이내로 다양한 높이와 입면을 연출함으로써 한강변 경관의 개선 가능성을 보여 준다. 35층 높이는 사실 차고 넘치는 기준이다.

높이의 예외적 완화는 높이의 도미노를 불러온다. 개별 단지로만 보면 완화의 필요성이 있지만, 허용하면 시차를 두고 인접 지역에서도 같은 요구가 봇물을 이루어, 결국 높이의 총체적 상향을 불러올 것이다. 용적률 제한 때문에 높이가 마냥 높아질 수 없다고 반박할지 모르지만 현실은 그렇지 않다. 높이 한도를 완화해 주면 용적률의 상향 요구가 뒤따른다. 강남 재건축 단지에서 조례상의 용적률이 아니라 국토계획법상의 최고 용적률 허용을 요구하는 경우가 그러하다.

내 건물이니까 내 마음대로 높게 짓는 게 아니라, 주변과 조화되고 대화하는 높이로 건물을 지어야 한다. 왜냐하면 건축물의 높이는 우리 모두가 향유하는 가치재이기 때문이다. 높이와 결부된 부동산 욕망을 버리고 본다면, 35층 최고 높이는 아름다운 서울을 위한 아름다운 규제다. 파리가 아름다운 것은 '아름다운 규제' 덕분이다.

– "초고층 재건축의 욕망을 넘어서", 《경향신문》, 2017.02.24.

# 누구를 위한 높이인가

**지은이** 박현찬, 정상혁

**초판 1쇄 인쇄** 2017년 6월 23일
**초판 1쇄 발행** 2017년 6월 29일

**펴낸이** 서왕진
**펴낸곳** 서울연구원
**편 집** 전말숙, 송도숙, 이소정
**디자인** 이석운, 김미연
**인쇄·제본** 현문인쇄
**업무협조**
**서울특별시 도시계획상임기획단** 김세신, 심소희, 이남휘, 윤기학
**서울연구원** 이원영, 문신주, 양은정

**주 소** 서울시 서초구 남부순환로 340길 57
**전 화** 02-2149-1234
**팩 스** 02-2149-1019
**홈페이지** www.si.re.kr

**ISBN** 979-11-5700-215-3 03300



• 책값은 뒤표지에 있습니다.


국립중앙도서관 출판예정도서목록(CIP)

누구를 위한 높이인가 / 지은이 : 박현찬, 정상혁. -- 서울 :
서울연구원, 2017
p. ; cm.

ISBN 979-11-5700-215-3 03300 : ₩13000

도시 경관[都市景觀]
서울(특별시)

539.7-KDC6
711.4-DDC23 CIP2017014739